U0221563

国家自然保护地与生态文明建设丛书

安吉小鲵国家级自然保护区
珍稀濒危植物图鉴

ATLAS OF RARE AND ENDANGERED PLANTS
OF HYNOBIUS AMJIENSIS NATIONAL NATURE RESERVE

主编
俞立鹏 张芬耀 何 莹

ZHEJIANG UNIVERSITY PRESS
浙江大学出版社

图书在版编目（CIP）数据

安吉小鲵国家级自然保护区珍稀濒危植物图鉴 / 俞立鹏，张芬耀，何莹主编. — 杭州：浙江大学出版社，2020.12
　　ISBN 978-7-308-20861-1

　　Ⅰ．①安… Ⅱ．①俞… ②张… ③何… Ⅲ．①自然保护区－珍稀植物－濒危植物－安吉县－图集 Ⅳ.①Q948.525.54-64

　　中国版本图书馆CIP数据核字(2020)第241154号

安吉小鲵国家级自然保护区珍稀濒危植物图鉴

俞立鹏　张芬耀　何　莹　主编

责任编辑	季　峥	
责任校对	张　鸽	
封面设计	陈宇航	
出版发行	浙江大学出版社	
	（杭州天目山路148号　邮政编码：310007）	
	（网址：http://www.zjupress.com）	
排　　版	杭州林智广告有限公司	
印　　刷	浙江省邮电印刷股份有限公司	
开　　本	889mm×1194mm　1/16	
印　　张	13	
字　　数	200千	
版印次	2020年12月第1版　2020年12月第1次印刷	
书　　号	ISBN 978-7-308-20861-1	
定　　价	268.00元	

《安吉小鲵国家级自然保护区珍稀濒危植物图鉴》
编辑委员会

前　言
PREFACE

　　浙江安吉小鲵国家级自然保护区（简称保护区）位于浙江安吉县西南部，地处浙皖两省安吉、临安、宁国三县交界处，与浙江天目山国家级自然保护区相邻。保护区总面积1242.5hm²，主峰海拔1587.4m（为浙北第一高峰），森林覆盖率95.8%，是浙江省生物多样性最丰富的区域之一。1985年8月，安吉龙王山省级自然保护区建立，重点保护落叶阔叶林植被类型。2017年7月，晋升为浙江安吉小鲵国家级自然保护区，主要保护对象调整为安吉小鲵及银缕梅等珍稀濒危动植物。

　　1996—2001年，由南京林业大学、安吉县林业局等单位组建的植物科考组，对保护区植物资源进行全面考察，汇编了维管束植物名录。名录共收录保护区内维管束植物156科654属1400余种，其中23种为珍稀濒危植物。

　　2011—2013年，由浙江省森林资源监测中心、浙江农林大学、安吉县林业局等单位组建的植物科考组，对保护区植物多样性开展了新一轮的调查。共记录维管束植物156科684属1478种，明确了保护区内珍稀濒危植物的种类及分布情况，为保护区珍稀濒危植物的管理、保护、利用、研究及科普教育奠定了基础。

　　本书依据《国家重点保护野生植物名录》《浙江省重点保护野生植物名录》《中国生物多样性红色名录》《濒危野生动植物种国际贸易公约》等资料，系统记载了保护区内珍稀濒危植物情况，分总论和各论两部分。总论论述了保护区自然地理概况、自然资源概况、珍稀濒危植物现状、保护现状与建议。各论分为蕨类植物、裸子植物和被子植物三部分。蕨类植物按照秦仁昌系统，裸子植物按照郑万均系统，被子植物按照恩格勒系统排列；每种植物包括中文名、拉丁名、科名、属名、形态特征、分布与生境、保护价值、保护与濒危等级等，每种附有彩图1~5张，全书共附彩图570余幅。本书共收录了保护区珍稀濒危植物177种，其中，国家重点保护野生植物17种，浙江省重点保护野生植物37种，其他珍稀濒危植物123种。

衷心希望本书的出版能进一步激发人们热爱自然、亲近自然、保护自然的热情，携手并进，共同保护珍稀濒危野生植物，使之得以永续利用；有助于促进浙江安吉小鲵国家级自然保护区及浙江省其他自然保护地的科学保护与有效管理。

由于考察与编撰时间较短，且编者水平有限，书中疏漏和不足之处在所难免，恳请各位专家和读者批评指正。

编　者

2020年12月

目 录
CONTENTS

总 论

第一节　自然地理概况

一、地理位置

浙江安吉小鲵国家级自然保护区（以下简称保护区）位于浙江省西北部，安吉县西南章村镇境内，处浙皖两省三县（安吉、临安、宁国）交界处，是上海市地标河流黄浦江的源头。地理坐标为东经119°23′48.15″~119°26′38.42″、北纬30°22′31.68″~30°25′12.29″。

保护区目前总面积为1242.5hm²，是以保护安吉小鲵及银缕梅等珍稀濒危动植物为主的野生动物类型自然保护区。

二、地形地貌

保护区地势北西低南东高，山脉呈西南-东北走向，海拔314.5~1587.4m，其中海拔1500m以上的山峰5座。最高峰龙王峰海拔1587.4m，雄冠浙北。保护区山峰连绵起伏，构成海拔高度在1000~1300m的第四级夷平面。历经地壳运动、海陆变迁、火山爆发及侵蚀剥蚀等作用力，形成了近1300m的相对高度差，造成了典型的"V"字形河谷以及密布的冲沟。

保护区地质构造上以由中生代火成岩组成的中低山为主。富含火山灰物质的岩石成为良好的成土母岩，潮湿的亚热带气候条件促进了岩石风化成土和植物生长。区内典型的火山岩地貌以及相对稳定的构造环境，为珍稀动植物的繁衍和保护提供了良好的自然环境以及物质保障。

三、气候

保护区地处中亚热带北缘，低山丘陵地带，亚热带季风气候特征明显。夏季以东南季风为主，冬季以北风为主，四季分明，光温适宜，降水丰沛而季节分配不均。由于天目山山脉是横亘于华北、长江中下游平原南侧的第一层山脉，保护区又位于天目山山脉的北侧，山多且高，因此，受地形地势、海拔、季风气候等诸多因素影响，保护区小气候特征明显，区内气温较同纬度地区低且日温差较大，日照相对偏少。保护区年均气温13~14℃；海拔700m及以上区域年均气温在12~13℃，极端低温达-20℃。保护区400m以上山区多年平均降水量为1700~1900mm，雨日165~175天，年均无霜期203~212天。

总体而言，保护区气候具有以下显著特点。

1.季风气候特征明显

受季风环流影响，保护区四季冷暖干湿分明。春季，东亚季风冬季风向夏季风转换的交替季节，南北气流交汇频繁，低气压和锋面活动加剧；夏季，随着夏季风环流系统的建立，西北太平洋上的副热带高压活动对保护区天气有重要影响，使之成为暴雨中心区之一；秋季，夏季风逐步减弱，并向冬季风过渡，气旋活动频繁，锋面降水较多，气温冷暖变化较大；冬季，东亚冬季风的强弱主要取决于蒙古冷高压的活动情况，形成冬季少雨的季风气候。

2.山地小气候特征显著

保护区地处"浙北屋脊"，受山地地形影响，小气候特征显著，垂直差异明显。春秋季，山脚干爽宜人，山顶云雾弥漫；夏季，山脚酷暑难耐、闷热多雨，山顶清凉湿润、温度宜人；冬季，山脚雨雪混搭，山上冰天雪地、白雪皑皑。此外，保护区处于天目山山脉北坡，日照时长较短，区内植被及野生动物分布与南坡呈现显著差异。

四、水文水系

保护区位于长江水系太湖流域西苕溪一级支流南溪的源头。区内主要溪流有东西走向的千亩田溪、南北走向的马峰溪。千亩田溪与马峰溪在石坞口汇合后流入南溪，至递铺街道六庄村长潭与西溪汇入西苕溪，经太湖至上海黄浦江入海。南溪因径流量大，而号称"黄浦江源"。

区内多年平均地表径流量约为$0.12 \times 10^8 m^3$，平均径流深1027.1mm，径流量的年内分配与降水量的年内分配相似，6—8月最多，为$0.58 \times 10^7 m^3$，占全年径流量的47.1%。总而言之，保护区小支流众多，集雨面积较大，是浙江省优质水源地之一。

五、土壤

保护区是在江南古陆的西南端，土壤母质岩体为侏罗纪的火山岩——熔接凝灰岩，在地质内因外力的交替作用下，形成的土壤具砾质、浅薄属性，且地貌形态破碎，连续性差。

在温和湿润、气候垂直差异显著的环境条件下，土壤的垂直分布特征明显。从山麓到高海拔的山岭依次分布着红壤—黄红壤—黄壤，在1000m以上的低洼谷地和夷平面上，尚有零星的山地草甸土和沼泽土分布。全区土壤厚度为36~100cm，整体呈酸性。剖面发育良好，表层土颜色随海拔升高而变暗。

第二节　自然资源概况

一、植被

根据吴征镒《中国植被系统》的划分依据，可将保护区植被划分为7个植被型组、13植被型、43个群系（组），区域植被属中亚热带常绿阔叶林北部亚地带。区内自然植被保存比较完整，类型多样，垂直分布明显，从保护区入口（海拔450m）至龙王山顶（海拔1587.4m），依次分布着常绿阔叶林（海拔600m以下）、常绿落叶阔叶混交林（海拔600~1000m）、落叶阔叶林（海拔900~1500m）、山地沼泽（海拔1300m）、针叶林及针阔混交林（海拔800~1500m）。

水平方向上则表现出植被间镶嵌分布的格局。特别是同一海拔段的坡面与沟谷，植被结构区别相当大。如在海拔500~600m段，坡面处为细叶青冈林，而沟谷处的洪、坡积地段多为以黄檀、槭树、缺萼枫香为建群种的落叶阔叶林；在海拔600~1400m段，坡面处多为锐齿槲栎、光叶榉、亮叶水青冈等为建群种的落叶阔叶林，而山脊风大多雾地段多为黄山松林。

保护区分布4种珍稀植被和1种特色植被。其中，分布于仙人桥至虎皮岩的鹅掌楸群落、分布于马峰庵和小西囡湾的银缕梅群落、分布于仙人桥附近山谷的香果树群落和分布于西金湾的大果山胡椒+膀胱果群落属于珍稀植被，广布于保护区东关、西关、千亩田、龙王峰等高海拔区域的锐齿槲栎群落属于特色植被。

二、野生动物

优越的地理位置、良好的生态环境，孕育了保护区内丰富的野生动物资源，使保护区成为全省动物资源最丰富的地区之一。目前，保护区共发现并记载野生脊椎动物278种，其中，兽类8目20科49种，鸟类13目41科142种，爬行类3目8科38种，两栖类2目8科25种，鱼类3目7科24种；昆虫有21目222科1110属1740种。

保护区核心保护物种为安吉小鲵。此外，有国家Ⅰ级保护野生动物3种，分别为黑麂、梅花鹿和白颈长尾雉；国家Ⅱ级保护野生动物21种，有猕猴、青鼬、小灵猫、中华鬣羚、黑鸢、蛇雕、凤头鹰、赤腹鹰、林雕、红隼、勺鸡、白鹇、领角鸮、斑头鸺鹠、鹰鸮等；浙江省重点保护陆生野生动物39种，包括两栖类2种、爬行类4种、鸟类25种、兽类8种。

三、野生植物

保护区是浙江省植物资源最丰富的地区之一。通过多次调查考察和有关资料的收集整理，保护区共记载野生或野生状态的维管束植物156科684属1478种（含种下分类单位，下同，详见表1），科、属、种分别占全省维管束植物科、属、种的66.5%、46.6%和30.1%。其中，蕨类植物27科61属130种；裸子植物6科9属12种；被子植物123科614属1336种（双子叶植物109科483属1083种，单子叶植物14科131属253种）。

表1　浙江安吉小鲵国家级自然保护区维管束植物统计

类群			科	属	种
蕨类植物			27	61	130
种子植物	裸子植物		6	9	12
	被子植物	双子叶植物	109	483	1083
		单子叶植物	14	131	253
合计			156	684	1478

第三节　珍稀濒危野生植物概述

一、珍稀濒危野生植物种类组成

珍稀濒危野生植物是自然保护区保护的重要对象之一。保护区内重点保护及珍稀濒危物种十分丰富。依据国务院1999年批准公布的《国家重点保护野生植物名录（第一批）》、浙江省人民政府2012年批准公布的《浙江省重点保护野生植物名录（第一批）》、环境保护部和中国科学院2013年联合发布的《中国生物多样性红色名录——高等植物卷》、中华人民共和国濒危物种进出口管理办公室和中华人民共和国濒危物种科学委员会2019年编印的《濒危野生动植物物种国际贸易公约》（CITES）等资料统计，保护区内有珍稀濒危野生植物177种，隶属于68科134属（详见表2），占保护区维管束植物种数的12.0%。其中，蕨类植物4科5属7种，裸子植物5科6属7种，被子植物59科123属163种。

国家级重点保护野生植物共有17种，其中，国家Ⅰ级重点保护野生植物3种，国家Ⅱ级重点保护野生植物14种。浙江省重点保护野生植物有37种。《中国生物多样性红色名录——高等植物卷》列为近危（NT）及以上等级的物种有77种，其中，极危（CR）3种，濒危（EN）13种，易危（VU）27种，近危（NT）34种。CITES列入附录Ⅱ的物种有29种。

表2　浙江安吉小鲵国家级自然保护区珍稀濒危野生植物

序号	中文名	拉丁名	保护级别	濒危等级	*CITES*
1	蛇足石杉	*Huperzia serrata*	省重点	濒危（EN）	
2	四川石杉	*Huperzia sutchueniana*		近危（NT）	
3	闽浙马尾杉	*Phlegmariurus minchegensis*		无危（LC）	
4	毛叶沼泽蕨	*Thelypteris palustris* var. *pubecens*		无危（LC）	
5	睫毛蕨	*Pleurosoriopsis makinoi*		无危（LC）	
6	黄山鳞毛蕨	*Dryopteris whangshanensis*		濒危（EN）	
7	东京鳞毛蕨	*Dryopteris tokyoensis*		濒危（EN）	
8	银杏	*Ginkgo biloba*	国家Ⅰ级	极危（CR）	

序号	中文名	拉丁名	保护级别	濒危等级	*CITES*
9	金钱松	*Pseudolarix amabilis*	国家II级	易危（VU）	
10	圆柏	*Sabina chinensis*	省重点	无危（LC）	
11	粗榧	*Cephalotaxus sinensis*		近危（NT）	
12	南方红豆杉	*Taxus wallichiana* var. *mairei*	国家I级	易危（VU）	附录II
13	榧树	*Torreya grandis*	国家II级	无危（LC）	
14	巴山榧树	*Torreya fargesii*	国家II级	易危（VU）	
15	绒毛皂柳	*Salix wallichiana* var. *pachyclada*		无危（LC）	
16	山核桃	*Carya cathayensis*		易危（VU）	
17	青钱柳	*Cyclocarya paliurus*		无危（LC）	
18	华千金榆	*Carpinus cordata* var. *chinensis*		无危（LC）	
19	米心水青冈	*Fagus engleriana*		无危（LC）	
20	黄山栎	*Quercus stewardii*		无危（LC）	
21	天目朴树	*Celtis chekiangensis*	省重点	濒危（EN）	
22	榉树	*Zelkova schneideriana*	国家II级	近危（NT）	
23	米面蓊	*Buckleya lanceolata*		无危（LC）	
24	肾叶细辛	*Asarum renicordatum*		濒危（EN）	
25	杜衡	*Asarum forbesii*		近危（NT）	
26	细辛	*Asarum sieboldii*		易危（VU）	
27	金荞麦	*Fagopyrum dibotrys*	国家II级	无危（LC）	
28	天目山孩儿参	*Pseudostellaria tianmushanensis*		未予评估（NE）	
29	孩儿参	*Pseudostellaria heterophylla*	省重点	无危（LC）	
30	领春木	*Euptelea pleiosperma*		无危（LC）	
31	连香树	*Cercidiphyllum japonicum*	国家II级	无危（LC）	
32	赣皖乌头	*Aconitum finetianum*		无危（LC）	
33	展毛川鄂乌头	*Aconitum henryi* var. *villosum*		未予评估（NE）	
34	龙王山银莲花	*Anemone raddeana* var. *lacerata*		无危（LC）	
35	大花威灵仙	*Clematis courtoisii*		无危（LC）	
36	华中铁线莲	*Clematis pseudootophyra*		无危（LC）	
37	短萼黄连	*Coptis chinensis* var. *brevisepala*	省重点	濒危（EN）	
38	獐耳细辛	*Hepatica nobilis* var. *asiatica*		无危（LC）	
39	草芍药	*Paeonia obovata*	省重点	无危（LC）	
40	尖叶唐松草	*Thalictrum acutifolium*		近危（NT）	
41	华东唐松草	*Thalictrum fortunei*		近危（NT）	
42	猫儿屎	*Decaisnea insignis*	省重点	无危（LC）	
43	安徽小檗	*Berberis anhweiensis*		无危（LC）	
44	庐山小檗	*Berberis virgetorum*		无危（LC）	

续 表

序号	中文名	拉丁名	保护级别	濒危等级	*CITES*
45	六角莲	*Dysosma pleiantha*	省重点	近危（NT）	
46	柔毛淫羊藿	*Epimedium pubescens*	省重点	无危（LC）	
47	三枝九叶草	*Epimedium sagittatum*	省重点	近危（NT）	
48	江南牡丹草	*Gymmospermium kiangnanense*	省重点	数据缺乏（DD）	
49	鹅掌楸	*Liriodendron chinense*	国家II级	无危（LC）	
50	天目木兰	*Magnolia amoena*	省重点	易危（VU）	
51	黄山木兰	*Magnolia cylindrica*		无危（LC）	
52	玉兰	*Magnolia denudata*		近危（NT）	
53	凹叶厚朴	*Magnolia officinalis* subsp. *biloba*	国家II级	未予评估（NE）	
54	天女木兰	*Magnolia sieboldii*	省重点	近危（NT）	
55	樟	*Cinnamomum camphora*	国家II级	无危（LC）	
56	浙江樟	*Cinnamomum chekiangense*		未予评估（NE）	
57	江浙山胡椒	*Lindera chienii*		无危（LC）	
58	天目木姜子	*Litsea auriculata*	省重点	易危（VU）	
59	浙江楠	*Phoebe chekiangensis*	国家II级	易危（VU）	
60	土元胡	*Corydalis humosa*	省重点	易危（VU）	
61	全叶延胡索	*Corydalis repens*	省重点	无危（LC）	
62	延胡索	*Corydalis yanhusuo*	省重点	易危（VU）	
63	心叶诸葛菜	*Orychophragmus limprichtiana*		近危（NT）	
64	云南山葑菜	*Eutrema yunnanense*		无危（LC）	
65	紫花八宝	*Hylotelephium mingjinianum*		近危（NT）	
66	薄叶景天	*Sedum leptophyllum*		无危（LC）	
67	细小景天	*Sedum subtile*		无危（LC）	
68	黄山梅	*Kirengeshoma palmata*	国家II级	无危（LC）	
69	腺蜡瓣花	*Corylopsis glandulifera*		近危（NT）	
70	牛鼻栓	*Fortunearia sinensis*		易危（VU）	
71	银缕梅	*Parrotia subaequalis*	国家I级	极危（CR）	
72	杜仲	*Eucommia ulmoides*	省重点	易危（VU）	
73	平枝栒子	*Cotoneaster horizontalis*	省重点	无危（LC）	
74	锐齿臭樱	*Maddenia incisoserrata*		无危（LC）	
75	鸡麻	*Rhodotypos scandens*	省重点	未予评估（NE）	
76	钝叶蔷薇	*Rosa sertata*	省重点	无危（LC）	
77	黄山花楸	*Sorbus amabilis*		无危（LC）	
78	湖北紫荆	*Cercis glabra*		未予评估（NE）	
79	黄檀	*Dalbergia hupeana*		近危（NT）	附录II
80	野大豆	*Glycine soja*	国家II级	无危（LC）	

序号	中文名	拉丁名	保护级别	濒危等级	*CITES*
81	花榈木	*Ormosia henryi*	国家 II 级	易危（VU）	
82	山绿豆	*Vigna minima*	省重点	无危（LC）	
83	朵花椒	*Zanthoxylum molle*		易危（VU）	
84	大果冬青	*Ilex macrocarpa*		无危（LC）	
85	福建假卫矛	*Microtropis fokienensis*		无危（LC）	
86	膀胱果	*Staphylea holovarpa*	省重点	无危（LC）	
87	瘿椒树	*Tapiscia sinensis*		无危（LC）	
88	锐角槭	*Acer acutum*		无危（LC）	
89	阔叶槭	*Acer amplum*		近危（NT）	
90	长裂葛萝槭	*Acer grosseri* var. *hersii*		未予评估（NE）	
91	临安槭	*Acer linganense*		易危（VU）	
92	毛果槭	*Acer nikoense*		近危（NT）	
93	鸡爪槭	*Acer palmatum*		易危（VU）	
94	毛鸡爪槭	*Acer pubipalmatum*		未予评估（NE）	
95	天目槭	*Acer sinopurpurascens*	省重点	无危（LC）	
96	细花泡花树	*Meliosma parviflora*	省重点	无危（LC）	
97	艺林凤仙花	*Impatiens yilingiana*		未予评估（NE）	
98	腋毛勾儿茶	*Berchemia barbigera*		濒危（EN）	
99	脱毛大叶勾儿茶	*Berchemia huana* var. *glabrescens*		无危（LC）	
100	南京椴	*Tilia miqueliana*		易危（VU）	
101	对萼猕猴桃	*Actinidia valvata*		近危（NT）	
102	红淡比	*Cleyera japonica*	省重点	无危（LC）	
103	圆叶堇菜	*Viola striatella*		无危（LC）	
104	秋海棠	*Begonia grandis*	省重点	无危（LC）	
105	倒卵叶瑞香	*Daphne grueningiana*	省重点	无危（LC）	
106	光叶荛花	*Wikstroemia glabra*		无危（LC）	
107	日本假牛繁缕	*Theligonum japonicum*		无危（LC）	
108	吴茱萸五加	*Gamblea ciliata* var. *evodiifolia*		易危（VU）	
109	糙叶五加	*Acanthopanax henryi*		无危（LC）	
110	大叶三七	*Panax pseudoginseng* var. *japonicus*	省重点	未予评估（NE）	
111	锈毛羽叶参	*Pentapanax henryi*	省重点	无危（LC）	
112	天目当归	*Angelica tianmuensis*		易危（VU）	
113	岩茴香	*Ligusticum tachiroei*	省重点	无危（LC）	
114	华东山芹	*Ostericum huadongense*		近危（NT）	
115	天目变豆菜	*Sanicula tienmuensis*		近危（NT）	
116	大果假水晶兰	*Cheilotheca macrocarpa*		未予评估（NE）	

续 表

序号	中文名	拉丁名	保护级别	濒危等级	*CITES*
117	云锦杜鹃	*Rhododendron fortunei*		无危（LC）	
118	黄山杜鹃	*Rhododendron maculiferum* subsp. *anhweiense*		无危（LC）	
119	腺药珍珠菜	*Lysimachia stenosepala*		无危（LC）	
120	毛茛叶报春	*Primula cicutariifolia*		易危（VU）	
121	黄山龙胆	*Gentiana delicata*		近危（NT）	
122	条叶龙胆	*Gentiana manshurica*		濒危（EN）	
123	苏州荠苎	*Mosla soochowensis*		易危（VU）	
124	浙荆芥	*Nepeta everardi*		无危（LC）	
125	天目地黄	*Rehmannia chingii*		易危（VU）	
126	旋蒴苣苔	*Boea hygrometrica*		无危（LC）	
127	香果树	*Emmenopterys henryi*	国家 II 级	近危（NT）	
128	盘叶忍冬	*Lonicera tragophylla*		无危（LC）	
129	黑果荚蒾	*Viburnum melanocarpum*		近危（NT）	
130	天目续断	*Dipsacus tianmuensis*		未予评估(NE)	
131	两似蟹甲草	*Parasenecio ambiguus*		无危（LC）	
132	天目山蟹甲草	*Parasenecio matsudai*		数据缺乏(DD)	
133	黄山风毛菊	*Saussurea hwangshanensis*		数据缺乏(DD)	
134	南方兔儿伞	*Syneilesis australis*		数据缺乏(DD)	
135	日本龙常草	*Diarrhena japonica*		无危（LC）	
136	拟麦氏草	*Molinia hui*		近危（NT）	
137	天目早竹	*Phyllostachys tianmuensis*		数据缺乏(DD)	
138	华箬竹	*Sasa sinica*		近危（NT）	
139	发秆薹草	*Carex capillacea*		濒危（EN）	
140	天目山薹草	*Carex tianmushanica*		近危（NT）	
141	花南星	*Arisaema lobatum*		无危（LC）	
142	黄精叶钩吻	*Croomia japonica*	省重点	濒危（EN）	
143	天目贝母	*Fritillaria monantha*	省重点	濒危（EN）	
144	华重楼	*Paris polyphylla* var. *chinensis*	省重点	易危（VU）	
145	狭叶重楼	*Paris polyphylla* var. *stenophylla*	省重点	近危（NT）	
146	北重楼	*Paris verticillata*	省重点	无危（LC）	
147	多花黄精	*Polygonatum cyrtonema*		近危（NT）	
148	湖北黄精	*Polygonatum zanlanscianense*		无危（LC）	
149	延龄草	*Trillium tschonoskii*	省重点	无危（LC）	
150	纤细薯蓣	*Dioscorea gracillima*		近危（NT）	
151	无柱兰	*Amitostigma gracile*		无危（LC）	附录 II
152	金线兰	*Anoectochilus roxburghii*		濒危（EN）	附录 II

序号	中文名	拉丁名	保护级别	濒危等级	*CITES*
153	白及	*Bletilla striata*		濒危（EN）	附录Ⅱ
154	虾脊兰	*Calanthe discolor*		无危（LC）	附录Ⅱ
155	钩距虾脊兰	*Calanthe graciliflora*		近危（NT）	附录Ⅱ
156	反瓣虾脊兰	*Calanthe reflexa*		无危（LC）	附录Ⅱ
157	银兰	*Cephalanthera erecta*		无危（LC）	附录Ⅱ
158	金兰	*Cephalanthera falcata*		无危（LC）	附录Ⅱ
159	杜鹃兰	*Cremastra appendiculata*		近危（NT）	附录Ⅱ
160	蕙兰	*Cymbidium faberi*		无危（LC）	附录Ⅱ
161	春兰	*Cymbidium goeringii*		易危（VU）	附录Ⅱ
162	扇脉杓兰	*Cypripedium japonicum*		无危（LC）	附录Ⅱ
163	血红肉果兰	*Cyrtosia septentrionalis*		易危（VU）	附录Ⅱ
164	中华盆距兰	*Gastrochilus sinensis*		极危（CR）	附录Ⅱ
165	大花斑叶兰	*Goodyera biflora*		近危（NT）	附录Ⅱ
166	斑叶兰	*Goodyera schlechtendaliana*		近危（NT）	附录Ⅱ
167	绒叶斑叶兰	*Goodyera velutina*		无危（LC）	附录Ⅱ
168	鹅毛玉凤花	*Habenaria dentata*		无危（LC）	附录Ⅱ
169	线叶十字兰	*Habenaria linearifolia*		近危（NT）	附录Ⅱ
170	叉唇角盘兰	*Herminium lanceum*		无危（LC）	附录Ⅱ
171	长唇羊耳蒜	*Liparis pauliana*		无危（LC）	附录Ⅱ
172	二叶兜被兰	*Neottianthe cucullata*		易危（VU）	附录Ⅱ
173	舌唇兰	*Platanthera japonica*		无危（LC）	附录Ⅱ
174	小舌唇兰	*Platanthera minor*		无危（LC）	附录Ⅱ
175	台湾独蒜兰	*Pleione formosana*		易危（VU）	附录Ⅱ
176	绶草	*Spiranthes sinensis*		无危（LC）	附录Ⅱ
177	小花蜻蜓兰	*Tulotis ussuriensis*		近危（NT）	附录Ⅱ

二、国家重点保护野生植物

保护区内有国家重点保护野生植物17种，隶属于12科16属，占保护区珍稀濒危植物种数的9.6%，详见表3。其中，国家Ⅰ级重点保护野生植物3种，分别为银杏、银缕梅和南方红豆杉；国家Ⅱ级重点保护野生植物14种，分别为金钱松、榧树、巴山榧树、榉树、金荞麦、连香树、鹅掌楸、凹叶厚朴、樟、浙江楠、黄山梅、野大豆、花榈木、香果树。

国家重点保护野生植物中，有9种为中国特有种，占国家重点保护野生植物的52.9%。《中国生物多样性红色名录——高等植物卷》评估为极危（CR）的2种，易危（VU）的5种，近危（NT）的2种，无危（LC）的7种。

表3　浙江安吉小鲵国家级自然保护区国家重点保护野生植物

序号	中文名	拉丁名	国家保护	濒危等级
1	银杏	*Ginkgo biloba*	国家Ⅰ级	极危（CR）
2	金钱松	*Pseudolarix amabilis*	国家Ⅱ级	易危（VU）
3	南方红豆杉	*Taxus wallichiana* var. *mairei*	国家Ⅰ级	易危（VU）
4	榧树	*Torreya grandis*	国家Ⅱ级	无危（LC）
5	巴山榧树	*Torreya fargesii*	国家Ⅱ级	易危（VU）
6	榉树	*Zelkova schneideriana*	国家Ⅱ级	近危（NT）
7	金荞麦	*Fagopyrum dibotrys*	国家Ⅱ级	无危（LC）
8	连香树	*Cercidiphyllum japonicum*	国家Ⅱ级	无危（LC）
9	鹅掌楸	*Liriodendron chinense*	国家Ⅱ级	无危（LC）
10	凹叶厚朴	*Magnolia officinalis* subsp. *biloba*	国家Ⅱ级	未予评估（NE）
11	樟	*Cinnamomum camphora*	国家Ⅱ级	无危（LC）
12	浙江楠	*Phoebe chekiangensis*	国家Ⅱ级	易危（VU）
13	黄山梅	*Kirengeshoma palmata*	国家Ⅱ级	无危（LC）
14	银缕梅	*Parrotia subaequalis*	国家Ⅰ级	极危（CR）
15	野大豆	*Glycine soja*	国家Ⅱ级	无危（LC）
16	花榈木	*Ormosia henryi*	国家Ⅱ级	易危（VU）
17	香果树	*Emmenopterys henryi*	国家Ⅱ级	近危（NT）

三、浙江省重点保护野生植物

　　保护区内有浙江省重点保护野生植物37种，隶属于23科31属，占保护区珍稀濒危植物种数的20.9%。其中，蕨类植物1种，裸子植物1种，被子植物35种（详见表4）。

　　浙江省重点保护野生植物中有中国特有种20种，占省重点保护野生植物种数的54.1%，有18种被列为省级极小种群物种。《中国生物多样性红色名录——高等植物卷》评估为濒危（EN）的5种，易危（VU）的6种，近危（NT）的4种，无危（LC）的19种，数据缺乏（DD）的1种，未予评估（NE）的2种。

表4　浙江安吉小鲵国家级自然保护区浙江省重点保护野生植物

序号	中文名	拉丁名	濒危等级	极小种群
1	蛇足石杉	*Huperzia serrata*	濒危（EN）	否
2	圆柏	*Sabina chinensis*	无危（LC）	是
3	天目朴树	*Celtis chekiangensis*	濒危（EN）	否
4	孩儿参	*Pseudostellaria heterophylla*	无危（LC）	否
5	短萼黄连	*Coptis chinensis* var. *brevisepala*	濒危（EN）	是
6	草芍药	*Paeonia obovata*	无危（LC）	否
7	猫儿屎	*Decaisnea insignis*	无危（LC）	否
8	六角莲	*Dysosma pleiantha*	近危（NT）	否

序号	中文名	拉丁名	濒危等级	极小种群
9	柔毛淫羊藿	*Epimedium pubescens*	无危（LC）	否
10	三枝九叶草	*Epimedium sagittatum*	近危（NT）	否
11	江南牡丹草	*Gymmospermium kiangnanense*	数据缺乏（DD）	是
12	天目木兰	*Magnolia amoena*	易危（VU）	否
13	天女木兰	*Magnolia sieboldii*	近危（NT）	是
14	天目木姜子	*Litsea auriculata*	易危（VU）	是
15	土元胡	*Corydalis humosa*	易危（VU）	是
16	全叶延胡索	*Corydalis repens*	无危（LC）	否
17	延胡索	*Corydalis yanhusuo*	易危（VU）	否
18	杜仲	*Eucommia ulmoides*	易危（VU）	是
19	平枝栒子	*Cotoneaster horizontalis*	无危（LC）	是
20	鸡麻	*Rhodotypos scandens*	未予评估（NE）	是
21	钝叶蔷薇	*Rosa sertata*	无危（LC）	是
22	山绿豆	*Vigna minima*	无危（LC）	否
23	膀胱果	*Staphylea holovarpa*	无危（LC）	是
24	天目槭	*Acer sinopurpurascens*	无危（LC）	是
25	细花泡花树	*Meliosma parviflora*	无危（LC）	否
26	红淡比	*Cleyera japonica*	无危（LC）	否
27	秋海棠	*Begonia grandis*	无危（LC）	否
28	倒卵叶瑞香	*Daphne grueningiana*	无危（LC）	是
29	大叶三七	*Panax pseudoginseng* var. *japonicus*	未予评估（NE）	是
30	锈毛羽叶参	*Pentapanax henryi*	无危（LC）	是
31	岩茴香	*Ligusticum tachiroei*	无危（LC）	是
32	黄精叶钩吻	*Croomia japonica*	濒危（EN）	是
33	天目贝母	*Fritillaria monantha*	濒危（EN）	是
34	华重楼	*Paris polyphylla* var. *chinensis*	易危（VU）	否
35	狭叶重楼	*Paris polyphylla* var. *stenophylla*	近危（NT）	否
36	北重楼	*Paris verticillata*	无危（LC）	否
37	延龄草	*Trillium tschonoskii*	无危（LC）	否

四、其他珍稀濒危植物

除上述重点保护野生植物外，保护区内尚有123种珍稀濒危植物，其中，中国特有种84种，占其他珍稀濒危植物种数的68.3%。

《中国生物多样性红色名录——高等植物卷》评估为受威胁的物种25种，含极危（CR）物种1种、濒危（EN）物种8种、易危（VU）物种16种；近危（NT）的物种28种；无危（LC）的物种

58种；数据缺乏（DD）的物种4种；未予评估（NE）的物种8种。

*CITES*列入附录Ⅱ的物种28种，其中，豆科黄檀属1种，兰科植物19属27种。

它们中的大多数种类分布区狭窄，在省内乃至国内均较为罕见，资源总量稀少。如龙王山银莲花、艺林凤仙花、天目山孩儿参、天目山薹草、天目变豆菜、天目山蟹甲草、天目续断、天目当归等是以保护区所在的天目山山脉为模式产地的浙江特有植物；天目早竹、黄山鳞毛蕨、黄山龙胆、南方兔儿伞、安徽小檗、赣皖乌头、黄山杜鹃、黄山花楸、两似蟹甲草、苏州荠苎、南京椴等是主产于华东的中国特有植物；日本龙常草、肾叶细辛、圆叶堇菜、睫毛蕨等是新近发现于保护区及其周边地区的浙江新记录植物。

五、保护现状与建议

保护区珍稀濒危植物十分丰富，共有177种，占保护区维管束植物种数的12.0%。国家重点保护野生植物有17种，浙江省重点保护野生植物有37种，《中国生物多样性红色名录——高等植物卷》列为近危（NT）及以上等级的物种有77种，*CITES*列入附录Ⅱ的物种有29种。水平分布上，珍稀濒危植物主要集中在千亩田高山湿地及其周边区域、马峰庵至西关、仙人桥至虎皮岩、仙人桥至东关等区域；垂直分布上，珍稀濒危植物主要集中分布在海拔650~1350m的范围内。珍稀濒危植物集中分布的地区沟谷深切，峰峦叠嶂，人迹罕至，水热条件良好，适宜众多珍稀濒危植物生长和繁衍。根据保护区珍稀濒危植物的分布现状，提出以下几点保护建议。

（1）保护区是浙江省银缕梅的集中分布区，已发现银缕梅330株，占浙江省银缕梅总数量的80%以上，是全省最大的银缕梅种群分布地。银缕梅主要集中分布于马峰庵、仙人桥、石头谷、小西圂湾等地。对这些区域的银缕梅母树进行重点监测保护，研究其生物学和生态学特征，重点探究其在该区域的环境影响因子关系，并以此成果为指导，科学开展种群繁育保护。

（2）保护珍稀濒危植物的自然生境是对其最好的保护方式，应该加强这方面的工作。珍稀濒危植物集中分布的区域，特别是千亩田高山湿地及其周边区域，是龙王山自然风光最优美之处，自然爱好者和驴友活动较频繁，如何加强管理、切实保护这些地段的珍稀濒危植物是值得重视的问题。

（3）随着时间的推移，濒危植物的生存环境和生长状况会发生一定程度的变化，需要我们根据这种变化采取相应的保护措施。加强资源调查，进一步评估各种珍稀濒危植物的种群情况，确定优先保护序列。进行长期监测与研究，以掌握珍稀濒危植物资源的动态，逐步建立起资源管理数据库和信息系统，为珍稀濒危植物资源的保护提供科学依据。

（4）珍稀濒危植物保护是为了更好地、持续地开发与利用。珍稀濒危植物是重要的植物资源，应积极开展繁育方法和技术的研究，进行人工繁殖和迁地保护，扩大种群规模，为进一步开发利用和研究提供物质基础。

（5）当地居民的参与是植物保护工作中常常被忽视却极为重要的一项工作，还需要进一步大力宣传环保的重要性，鼓励全民参与植物保护工作。

各 论

① 蛇足石杉 蛇足草、千层塔
Huperzia serrata (Thunb.) Trevis.

科名：石杉科 Huperziaceae

属名：石杉属 *Huperzia*

形态特征▶ 土生蕨类，高10~30cm。茎直立或下部平卧，中部直径1.5~3.5mm，枝连叶宽1.5~4cm，2~4回二叉分枝，枝上部常有芽胞。叶螺旋状排列，略呈4行，疏生，平伸，通直，具短柄；叶片椭圆披针形，长1~2cm，宽3~4mm，先端尖，基部狭楔形，边缘有不规则的尖锯齿，具明显中脉。分株或孢子繁殖，孢子叶与营养叶同大同形。孢子囊肾形，淡黄色，腋生，横裂，两端露出，几乎每叶都有；孢子同形，极面观为钝三角形，3裂缝，具穴状纹饰。

分布与生境▶ 见于千亩田、东关、西关、马峰庵等地，生于阔叶林或针阔叶混交林下阴湿处，海拔400~1300m。产于全省山区。分布于全国各地。亚洲、大洋洲、中美洲也有。

保护价值▶ 全草入药，味苦、涩，性凉，有毒，可止血生肌、消炎镇痛。近年发现其对治疗阿尔茨海默病具特效，需求量剧增。但该种繁育困难，目前仅靠采集野生植株获得，资源趋于枯竭。

保护与濒危等级▶ 浙江省重点保护野生植物；《中国生物多样性红色名录——高等植物卷》评估为濒危（EN）。

② 四川石杉
Huperzia sutchueniana (Herter) Ching

科名：石杉科 Huperziaceae

属名：石杉属 *Huperzia*

形态特征 ▶ 土生蕨类，高10~20cm。茎直立，中部直径1.2~3mm，单一或1~2回二叉分枝，老时基部仰卧，上部弯弓，斜升，枝上部常有芽胞。叶螺旋状排列，密生，近平展；基部叶狭楔形，边缘有不规则尖锯齿，但较蛇足石杉小，其上的叶披针形，通直或略呈镰形，长5~10mm，宽约1mm，渐尖头，基部较宽，边缘有疏微齿。着生孢子囊的枝有成层现象。孢子叶与不育叶同形；孢子囊生于孢子叶的叶腋，孢子囊肾形，两端超出叶缘。

分布与生境 ▶ 见于千亩田，生于海拔1300m以上的灌草丛中。产于临安、淳安、桐庐、遂昌、龙泉、庆元。分布于安徽、江西、湖南、湖北、四川、重庆、贵州。

保护价值 ▶ 中国特有种。全草入药，具散瘀消肿、止血生肌、消炎解毒、麻醉镇痛之效。临床研究表明，本种具有胆碱酯酶抑制作用，可治重症肌无力。

保护与濒危等级 ▶《中国生物多样性红色名录——高等植物卷》评估为近危（NT）。

③ 闽浙马尾杉 <small>浙闽石松</small>
Phlegmariurus mingcheensis Ching

科名：石杉科 Huperziaceae
属名：马尾杉属 *Phlegmariurus*

形态特征 附生蕨类，高17~33cm。茎直立，枝直立或略下垂，粗约3mm，一至数回二叉分枝或单一，连叶宽2~2.5cm，向上部略变狭。叶螺旋状排列，斜向上，疏生；叶片披针形，长1.2~1.5cm，宽1~2.2mm，先端渐尖，中脉不明显，基部楔形，无柄，质坚厚，有光泽，全缘。孢子叶与营养叶同形，但远较小，长0.7~1cm，宽0.7~1mm，斜展，排列稀疏，穗轴外露；孢子囊生于孢子叶叶腋，肾形，2瓣开裂，黄色。孢子球状四面形。

分布与生境 见于马峰庵，附生于林下阴湿的岩石上。产于全省山地。分布于安徽、江西、福建、湖南。

保护价值 中国特有种。全草入药，具清热燥湿、退热消炎的功效。

保护与濒危等级 《中国生物多样性红色名录——高等植物卷》评估为无危（LC）。

4 毛叶沼泽蕨

Thelypteris palustris (Salisb.) Schott
var. *pubecens* (G. Lawson) Fernald

科名：金星蕨科 Thelypteridaceae
属名：沼泽蕨属 *Thelypteris*

形态特征 土生蕨类，高35~55cm。根状茎长而横走，顶部有少数红棕色的卵形鳞片。叶近生，有能育叶、不育叶之分；叶柄长20~30cm，基部黑褐色，疏生鳞片，向上深禾秆色，光滑；叶片阔披针形，长15~25cm，宽4.5~9cm，先端短渐尖，二回深羽裂或二回羽状；羽片约15对，互生，几无柄，披针形，长2.5~5cm，宽4~12mm，先端急尖，基部截形；裂片卵圆形，全缘，能育裂片的叶缘通常反折。叶草质或坚纸质，叶轴上面、羽轴两面及主脉基部有柔毛。孢子囊群圆形，着生于小脉中部；囊群盖小，圆肾形，膜质，成熟后易脱落。

分布与生境 见于千亩田，生于高山沼泽中。产于临安。分布于东北及江苏北部、山东东部。东亚其他温带地区及北美洲也有。

保护价值 东亚和北美间断分布种，对植物迁徙及植物区系研究有一定的价值。

保护与濒危等级 《中国生物多样性红色名录——高等植物卷》评估为无危（LC）。

5 睫毛蕨
Pleurosoriopsis makinoi (Maxim. ex Makino) Fomin

科名：睫毛蕨科 Pleurosoriopsidaceae
属名：睫毛蕨属 *Pleurosoriopsis*

形态特征 ▶ 附生蕨类，高3~10cm。根状茎细长、横走，密被红棕色线状毛。叶远生；叶柄长1.5~3cm，纤细，禾秆色，连同叶轴及羽轴均密被棕色或红棕色的节状毛；叶片披针形，长1~8cm，宽5~15mm，先端钝，基部阔楔形，二回羽状深裂；羽片4~7对，互生，有短柄，中部羽片较大，长5~15mm，宽4~8mm，先端圆钝，深羽裂；裂片1~3对，互生，近舌形，长2~3mm，宽约1mm，全缘。叶脉分离，每一裂片有小脉1条，顶端膨大，呈纺锤形，不达叶边。叶薄草质，两面均密被棕色节状毛，边缘密被睫毛。孢子囊群短线形，沿叶脉着生，无囊群盖。

分布与生境 ▶ 见于虎皮岩、马峰庵，生于林下岩石上。分布于黑龙江、辽宁、陕西、甘肃、四川、贵州、云南等地。日本、朝鲜、俄罗斯也有。

保护价值 ▶ 睫毛蕨科仅1属1种，在蕨类植物区系及系统进化研究方面具有价值。睫毛蕨在浙江最早发现于龙王山，是近年发现的浙江省新记录植物，丰富了龙王山蕨类植物种类，有助于全面认识龙王山植物区系特征。

保护与濒危等级 ▶《中国生物多样性红色名录——高等植物卷》评估为无危（LC）。

6 # 黄山鳞毛蕨
Dryopteris whangshanensis Ching

科名：鳞毛蕨科 Dryopteridaceae
属名：鳞毛蕨属 *Dryopteris*

形态特征 土生蕨类，高40~80cm。根状茎粗壮，直立，伸出地面，顶端密被淡棕色大鳞片。叶呈莲座状簇生；叶柄长10~20cm，深禾秆色，基部连同叶轴密被鳞片；叶片披针形或倒披针形，长32~55cm，中部宽10~18cm，二回羽状深裂；羽片22~34对，互生，平展，疏离，长圆状披针形，中部的长5~10cm，宽1~1.5cm，基部截平，一回深羽裂；裂片狭长圆形，边缘有锯齿。叶脉羽状，下面明显，伸达叶边。叶草质；羽轴上、下均有小鳞片。孢子囊群圆形，生于叶片顶部羽片的裂片先端，着生于小脉顶端，紧靠叶边；囊群盖圆肾形。

分布与生境 见于西关、千亩田，生于海拔800m以上的山坡林下阴湿处。产于临安、淳安、开化、遂昌。分布于安徽、江西、福建、湖北等地。

保护价值 中国特有种。根状茎入药，有清热解毒、止痛、收敛、消炎之功效，用于疮毒溃烂、久不收口。形态优美，可栽培供观赏。

保护与濒危等级 《中国生物多样性红色名录——高等植物卷》评估为濒危（EN）。

蕨类植物

7 东京鳞毛蕨
Dryopteris tokyoensis (Matsum. ex Makino) C. Chr.

科名：*鳞毛蕨科* Dryopteridaceae
属名：*鳞毛蕨属 Dryopteris*

形态特征 土生蕨类，高60~90cm。根状茎短而直立，连同叶柄密被鳞片。叶直立，簇生；叶柄长14~24cm，禾秆色；叶片倒披针形，长46~66cm，宽10~13cm，二回羽裂；羽片21~23对，互生，斜展，疏生，线形或线状披针形，基部两侧耳状膨大，羽状半裂至深裂；裂片圆卵形或长圆形，边缘有锯齿。叶脉羽状，两面隆起。叶草质，干后下面黄褐色，上面暗绿色，叶轴下面疏被灰棕白色、披针形小鳞片，羽轴下面有1~2枚披针形纤维状小鳞片。孢子囊群圆形，仅着生于基部上侧一小脉上端；囊群盖圆肾形，大而薄，褐色，宿存。只有叶片顶部的7~9对羽片能育。

分布与生境 见于千亩田，生于海拔1200~1400m的高山湿草地及沼泽中。产于临安、婺城、武义、磐安。分布于福建、江西、湖北、湖南。日本也有。

保护价值 东京鳞毛蕨为鳞毛蕨科产于浙江的成员中唯一生于沼泽的种类，与福建紫萁一起，组成一个以蕨类为建群种的群落，具有一定的科研及生态价值。形态优美，可供观赏。

保护与濒危等级 《中国生物多样性红色名录——高等植物卷》评估为濒危（EN）。

8 银杏 佛指甲、鸭脚、白果树
Ginkgo biloba L.

科名：银杏科 Ginkgoaceae
属名：银杏属 *Ginkgo*

形态特征 落叶大乔木，高达40m。老树树皮灰褐色，深纵裂；短枝密被叶痕。叶片扇形，有长柄，淡绿色，在一年生长枝上螺旋状散生，在短枝上3~8片呈簇生状。球花单性，雌雄异株；雄球花4~6枚，花药黄绿色，花粉球形；雌球花具长梗，梗端常1~5叉，叉顶各具1枚直立胚珠。种子椭圆形、长倒卵形、卵圆形或近圆球形，外种皮肉质，熟时黄色或橙黄色，外被白粉，有酸臭味，中种皮骨质，白色，具2~3条纵脊。花期3—4月，果期9—10月。

分布与生境 见于仙人桥附近，生于山坡阔叶林中。我国仅天目山山脉有野生状态的银杏。全国各地广泛栽培。

保护价值 中国特有的古老孑遗植物，素有"活化石"之称。种仁为优良的干果，是传统的出口商品之一。叶片提取物是制造治疗心血管病及阿尔茨海默病的重要原料。木材致密，为工艺雕刻、实验桌面、绘图板等的优良材料。树干挺拔，叶形奇特而古雅，是珍贵优美的绿化观赏树种，也可作盆景。

保护与濒危等级 国家Ⅰ级重点保护野生植物；《中国生物多样性红色名录——高等植物卷》评估为极危（CR）；浙江省极小种群物种。

9 金钱松 金松、水树
Pseudolarix amabilis (J. Nelson) Rehder

科名：松科 Pinaceae
属名：金钱松属 *Pseudolarix*

裸子植物

形态特征 落叶大乔木，高达54m。树干通直；树皮灰褐色，裂成不规则的鳞片状块片；大枝不规则轮生，平展。叶在长枝上辐射伸展，在短枝上簇生；叶片条形，扁平而柔软，长2~5.5cm，宽1.5~4mm，上面绿色，中脉略可见，下面蓝绿色，中脉明显。雄球花黄色，圆柱状，下垂；雌球花紫红色，椭球形，直立。球果卵圆形或倒卵圆形，长6~7.5cm，有短梗；种鳞卵状披针形，长2.5~3.5cm，基部呈心脏形；苞鳞卵状披针形，边缘有细齿。种子倒卵形或卵圆形，淡黄白色，长6~8mm，种翅三角状披针形。花期4月，果球10月成熟。

分布与生境 见于石坞口、龙王山电站、马峰庵电站、马峰庵、西关等地，多散生于海拔400~1300m的针阔叶混交林中，局部区域可形成优势群落。产于湖州、杭州、宁波、绍兴。分布于安徽、江西、福建、湖南。

保护价值 中国特有种，模式标本采自浙江。木材纹理通直，耐水湿，为建筑、桥梁、船舶、家具的优良用材。根皮和近根基干皮可入药，名"土荆皮"，是制取酊剂和复方酊剂的原料，对治疗疔疮和顽癣有显著效果。树姿优美，秋后叶呈金黄色，是著名的庭院观赏树。

保护与濒危等级 国家Ⅱ级重点保护野生植物；《中国生物多样性红色名录——高等植物卷》评估为易危（VU）。

10 圆柏 桧柏、刺柏、红心柏
Sabina chinensis (L.) Antoine

科名：柏科 Cupressaceae
属名：圆柏属 *Sabina*

形态特征▶ 常绿乔木，高达20m。树皮深灰色或淡红褐色，纵裂，呈条片状开裂。幼树枝条斜上伸展，形成尖塔形树冠；老树大枝平展，树冠广卵形或圆锥形，生鳞片叶的小枝近圆柱形。叶二型，幼树多为刺叶，老树则全为鳞叶，中龄树兼有刺叶与鳞叶；刺叶通常3叶轮生，排列稀疏，长6~12mm，上面微凹，有2条白粉带；鳞叶先端急尖，交叉对生，间或3叶轮生，排列紧密。球果次年成熟，近圆球形，直径6~8mm，暗褐色，被白粉，有种子1~4粒。种子卵球形，扁，顶端钝，有棱脊。

分布与生境▶ 见于仙人桥附近，生于陡峭的岩壁上。全国各地有分布或栽培。朝鲜、日本也有。

保护价值▶ 木材坚韧致密，有香气，耐腐力强，可作房屋建筑、家具及细木工等用材。树根及枝、叶可提柏木油。枝、叶可入药，有祛风散寒、活血消肿、利尿之功效。为普遍栽培的绿化树种。

保护与濒危等级▶ 浙江省重点保护野生植物；《中国生物多样性红色名录——高等植物卷》评估为无危（LC）；浙江省极小种群物种。

11 **粗榧** 木榧、草榧、中国粗榧
Cephalotaxus sinensis
(Rehder et E. H. Wilson) H. L. Li

科名：三尖杉科 Cephalotaxaceae
属名：三尖杉属 *Cephalotaxus*

裸子植物

形态特征 常绿灌木或小乔木，高5~10m。树皮灰色或灰褐色，薄片状脱落。叶在小枝上排成2列，通常直；叶片条形，长2~4cm，宽0.2~0.3cm，上部常与中下部等宽或微窄，先端微凸尖，基部近圆形，上面深绿色，两面中脉明显隆起，下面有2条白色气孔带，明显宽于绿色边带。雄球花6~7枚聚生成头状，生于叶腋，基部及花序梗上有多数苞片，雄蕊4~11枚，花丝短；雌球花常生于小枝基部，偶见生于枝顶，具长柄。种子2~5枚生于花序梗的上端，卵圆形或椭圆状卵形，长1.8~2.5cm，顶端中央有尖头，成熟时肉质假种皮红褐色。花期3—4月，种子10月至翌年1月成熟。

分布与生境 见于东关、千亩田、三道岭等地，生于海拔800m以上的阔叶林中或灌丛中。产于临安、鄞州、普陀、天台、临海、龙泉、缙云。分布于长江流域及其以南各省。

保护价值 中国特有种。木材坚实，供制作农具及细木工等。种仁富含油脂，供制皂或制作润滑油。植株含有三尖杉酯类和高三尖杉酯类生物碱，对人体非淋巴系统白血病，特别是急性粒细胞白血病和单核细胞白血病有较好的疗效。树姿优雅，可供城市绿化与制作盆景。

保护与濒危等级 《中国生物多样性红色名录——高等植物卷》评估为近危（NT）。

12 南方红豆杉 红豆杉、赤椎、美丽红豆杉

Taxus wallichiana Zucc. var. *mairei*
(Lemée et H. Lév.) L. K. Fu et N. Li

科名：红豆杉科 Taxaceae

属名：红豆杉属 *Taxus*

形态特征 常绿大乔木，高达30m。树皮赤褐色或灰褐色，浅纵裂。叶螺旋状互生，在小枝上排成2列；叶片条形，柔软，多呈镰状，长1.5~4cm，宽0.3~0.5cm，先端渐尖，上面中脉隆起，下面中脉带上偶见乳头状凸起，气孔带黄绿色，中脉带明晰可见，呈淡绿色或绿色，绿色边带较宽而明显。种子呈倒卵圆形或椭圆状卵形，长6~8mm，直径4~5mm，微扁，生于肉质杯状假种皮中，假种皮成熟时鲜红色。花期3—4月，种子11月成熟。

分布与生境 见于仙人桥、东关、虎皮岩等地，散生于海拔600~1400m的阔叶林或落叶阔叶混交林内。产于全省山区。分布于华东、华中、华南、西南及陕西、甘肃等地。

保护价值 中国特有的白垩纪孑遗树种。心材橘红色，纹理直，结构细，坚实耐用，可作建筑、车辆、家具等用材。树冠高大，形态优美，入秋假种皮鲜红色，格外雅观，是优良的园林绿化树种。植物体含紫杉醇，具有抗癌作用。

保护与濒危等级 国家Ⅰ级重点保护野生植物；《中国生物多样性红色名录——高等植物卷》评估为易危（VU）；列入*CITES*附录Ⅱ。

13 榧树 大圆榧、野杉、小果榧
Torreya grandis Fortune ex Lindl.

科名：红豆杉科 Taxaceae
属名：榧树属 *Torreya*

形态特征 常绿大乔木，高25~30m。树皮淡黄灰色或灰褐色，不规则纵裂；小枝近对生或近轮生。叶交叉对生，2列状排列；叶片条形，通常直，坚硬，长1.1~2.5cm，宽0.15~0.35cm，先端凸尖，成刺状短尖头，上面亮绿色，中脉不明显，有2条稍明显的纵槽，下面淡绿色，气孔带浅褐色，与中脉带近等宽，绿色边带明显宽于气孔带。雌雄异株；雄球花单生于叶腋，具短柄；雌球花成对生于叶腋，无梗。种子全部包于肉质假种皮中，多呈椭圆形或卵圆形，长2.3~4.5cm，直径2~2.8cm，熟时假种皮淡紫褐色，有白粉，先端有小凸尖头，胚乳微皱。花期4月，种子翌年10月成熟。

分布与生境 见于仙人桥附近，生于海拔500~900m温凉湿润的低山坡、丘陵谷地阔叶混交林中。产于杭州、绍兴、金华、丽水、衢州、台州。分布于华东、华中、西南等地。

保护价值 中国特有的古老树种。木材纹理直，结构细，硬度适中，有弹性，芳香，不翘不裂，耐水湿，是建筑、船舶、家具的优质珍贵用材。种子可食，也可供药用，具有杀虫、消积、润燥之功效，假种皮可提取芳香油。树姿优美，是良好的园林绿化树种，并可制作盆景，能适应有硫化物污染的环境，可供工矿区绿化用。

保护与濒危等级 国家Ⅱ级重点保护野生植物；《中国生物多样性红色名录——高等植物卷》评估为无危（LC）。

14 巴山榧树 篦子杉、球果榧
Torreya fargesii Franch.

科名：红豆杉科 Taxaceae
属名：榧树属 *Torreya*

形态特征 常绿乔木，高5~12m。树皮深灰色，不规则纵裂。叶交叉对生，2列状排列；叶条形，稀条状披针形，通常直，坚硬，长1.3~3cm，宽2~3mm，先端具刺状短尖头，基部微偏斜，宽楔形，上面亮绿色，无明显隆起的中脉，通常有2条较明显的凹槽，下面淡绿色，中脉不隆起，气孔带较中脉带窄。雄球花卵圆形，单生于叶腋。种子卵圆形、圆球形或宽椭圆形，直径约1.5cm，肉质假种皮微被白粉，顶端具小凸尖，基部有宿存的苞片，胚乳周围显著地向内深皱。花期4—5月，种子翌年9—10月成熟。

分布与生境 见于仙人桥、三道岭、弥方岗、东关、虎皮岩、马峰庵、千亩田，散生于海拔1000~1500m山地。产于临安。分布于陕西、湖北、四川、安徽、湖南、江西等地。

保护价值 中国特有种。木材坚硬，结构细致，可作家具、农具等。种子可食用，也可用于榨油。可提取紫杉醇及其类似物，对肿瘤细胞有抑制作用。

保护与濒危等级 国家Ⅱ级重点保护野生植物；《中国生物多样性红色名录——高等植物卷》评估为易危（VU）；浙江省极小种群物种。

15 绒毛皂柳

Salix wallichiana Andersson var. *pachyclada*
(H. Lév. et Vaniot) C. Wang et C. F. Fang

科名：杨柳科 Salicaceae
属名：柳属 *Salix*

形态特征 落叶小乔木，高5~10m。树皮深褐色，纵裂。冬芽长椭圆形，栗褐色，有棱角；小枝暗绿褐色，具开裂皮孔。叶互生；叶片椭圆形，长卵状椭圆形，长3.5~15mm，宽1.6~15mm，先端渐钝尖，基部楔形，侧脉8~12对，上面幼时密生棕栗色短柔毛，下面密生灰白色短柔毛，全缘；叶柄长4~6mm。花先叶开出；雄花序长1.4~1.8cm；雄蕊2枚，花药黄色，花丝纤细，离生，基部内、外各有黄色腺体1枚；雌花序长2.8~3.5cm，子房狭圆锥形，长2~5mm，密生长灰白色短柔毛，柱头2~4裂，具腺体1枚。蒴果长可达9mm，被短柔毛，熟时果瓣强烈反卷。花期4—5月，果期5月。

分布与生境 见于东关、千亩田，生于山谷溪流旁或山坡林中。产于临安、建德、金华、缙云、龙泉。分布于江西、福建、广东、贵州、云南、四川、湖南、湖北、陕西。

保护价值 中国特有种。枝条可编筐篓，板材可制木箱。

保护与濒危等级 《中国生物多样性红色名录——高等植物卷》评估为无危（LC）。

16 山核桃 山核、野核桃
Carya cathayensis Sarg.

科名：胡桃科 Juglandaceae
属名：山核桃属 *Carya*

形态特征 落叶乔木，高达30m。树皮灰白色，平滑。裸芽、小枝、叶背密被黄褐色腺鳞。奇数羽状复叶长13.5~30cm，小叶5~7枚；小叶片椭圆状披针形或倒卵状披针形，长7.3~22cm，宽2~5.5cm，先端渐尖，基部楔形，边缘有细锯齿，上边主侧脉上初有簇毛及单毛，后近无毛，叶轴初有短柔毛及腺鳞，后近无毛；顶生小叶柄长5mm，侧生小叶无柄。

雄花花序长7.5~12cm，自当年生枝的叶腋内或苞叶内生出；雌花1~3枚生于新枝顶。果卵状球形或倒卵形，长2.5~2.8cm，密被褐黄色腺鳞，成熟时4瓣开裂至中部以下。果核卵圆形、倒卵形，长2~2.5cm。花期4—5月，果期9月。

分布与生境 见于石坞口，最宜于海拔200~700m的山麓、山凹、土层深厚、水分条件较好的避风处。产于临安、淳安、建德、桐庐。分布于安徽宁国、旌德、歙县、绩溪等地。

保护价值 中国特有种。著名的木本油料树种及名产干果，果子出油率高，榨取的油营养丰富，为优质食用油。心材红褐色，边材黄白色或淡黄褐色，纹理直，坚韧，为优良的军工用材。

保护与濒危等级 《中国生物多样性红色名录——高等植物卷》评估为易危（VU）。

17 青钱柳 摇钱树、青钱李
Cyclocarya paliurus (Batalin) Iljinsk.

科名：胡桃科 Juglandaceae
属名：青钱柳属 *Cyclocarya*

形态特征 ▶ 落叶乔木，高达30m。幼树树皮灰色，平滑，老则灰褐色，深纵裂；裸芽，具褐色腺鳞；小枝密被脱落性褐色毛。奇数羽状复叶长15~30cm，具小叶7~13枚，互生；小叶片椭圆形或长椭圆状披针形，长3~15cm，宽1.5~6cm，先端渐尖，基部偏斜，边缘有细锯齿，上面中脉、下面、叶轴均被毛和腺鳞。雄花花序长7~17cm，花序轴有白色毛及腺鳞；雌花花序长21~26cm，有花7~10朵。果翅圆形，直径2.5~6cm，柱头及花被片宿存。花期5—6月，果期9月。

分布与生境 ▶ 见于马峰庵、仙人桥、虎皮岩等地，生于海拔500~1300m的山坡、溪谷林中或林缘。产于杭州、宁波、丽水、温州，以及绍兴嵊州、衢州开化、台州天台和仙居。分布于华东、华南、西南、华中及陕西等地。

保护价值 ▶ 中国特有种。木材纹理直，结构细，材质中等，可作家具、细木工、箱板、器具等用材。树皮含鞣质，为栲胶及造纸原料。嫩叶可代茶。

保护与濒危等级 ▶《中国生物多样性红色名录——高等植物卷》评估为无危（LC）。

18 华千金榆 南方千金榆

Carpinus cordata Blume var. *chinensis* Franch.

科名：桦木科 Betulaceae

属名：鹅耳枥属 *Carpinus*

形态特征 落叶乔木，高达15m。树皮灰褐色，光滑；小枝灰褐色，密被长或短柔毛。叶互生；叶片宽卵圆形、长椭圆形，长5~12cm，宽3.5~5.5cm，先端渐尖，基部心形，边缘具不规则重锐锯齿，齿端有芒，上面主、侧脉下凹，主、侧脉在两面均被长柔毛，侧脉20~25对；叶柄长1.1~2cm，密生柔毛。果序长5~9cm，密生柔毛；果苞宽卵形，长1.5~2.2cm，内侧基部有内折全包小坚果的裂片，外侧无裂片，两侧边缘各有3~10枚不等的锐尖锯齿。小坚果栗褐色，长圆形，长约6mm，有细肋脉约10条。

分布与生境 见于西关、东关、千亩田等地，生于海拔900~1400m的阔叶林中。产于临安。分布于华东、华中、西南及甘肃、陕西。

保护价值 中国特有种。叶色翠绿，树姿美观，果序奇特，具有较高的观赏价值。木材可制作农具和家具。

保护与濒危等级 《中国生物多样性红色名录——高等植物卷》评估为无危（LC）。

19 **米心水青冈** 米心树、米心稠
Fagus engleriana Seemen

科名：壳斗科 Fagaceae
属名：水青冈属 *Fagus*

被子植物
双子叶植物

形态特征 落叶乔木，高10~25m。树皮灰色，不裂。叶互生；叶片纸质，卵状椭圆形，长5~9cm，宽2~4.5mm，先端渐尖，基部宽楔形或近圆形，边缘波状或疏生细小锯齿，幼叶被绢状长柔毛，下面较密，老叶仅下面中脉被绢状柔毛或几无毛，侧脉10~13条，沿边缘上弯网结；叶柄长4mm，无毛。壳斗4裂，裂瓣薄，长1~1.5cm，被柔毛；苞片线形，基部的匙形；总梗纤细，长可达7cm，果熟后下垂，总苞内有2枚坚果，坚果与苞片近等长。花期4月，果期8月。

分布与生境 见于千亩田、西关，生于海拔1300~1400m的山地林中，常呈散生状态，千亩田附近有小片纯林。产于临安、江山、龙泉、庆元。分布于华中、西南及安徽、陕西、广西。

保护价值 中国特有种。树形端正，秋叶鲜黄，是优良的秋色叶树种，可供园林观赏。木材坚硬，纹理直，具光泽，可作建筑、家具、车辆、船舶、枕木等用材。

保护与濒危等级 《中国生物多样性红色名录——高等植物卷》评估为无危（LC）。

20 黄山栎
Quercus stewardii Rehder

科名：壳斗科 Fagaceae

属名：栎属 *Quercus*

形态特征 落叶小乔木或灌木，高达8m。树皮灰白色，深裂；小枝粗壮，无毛，有沟槽，具凸起皮孔。叶互生或簇生于枝顶；叶片椭圆状倒卵形，长9~15cm，宽5~13cm，先端钝圆，基部楔形或微呈耳状，边缘具波状锯齿，侧脉12~15对，上面无毛，下面除沿主、侧脉被黄褐色星状柔毛；叶柄极短，仅长3mm。壳斗碗状，直径1.6~2cm，苞片卵状披针形，褐色，长5mm以下，在壳斗口缘处不反卷，具稀疏短柔毛；坚果长圆形，长约2cm，先端被短柔毛，果脐凸起。花期5月，果期10月。

分布与生境 见于三道岭、千亩峰、龙王峰等地，生于海拔1400m以上的山顶或向阳山坡，常在向阳山坡组成矮林。产于临安。分布于安徽、江西、湖北。

保护价值 中国特有种。木材供建筑、家具用。种子含淀粉，可作饲料。树皮、壳斗可提取栲胶。果状虫瘿可入药。

保护与濒危等级 《中国生物多样性红色名录——高等植物卷》评估为无危（LC）。

㉑ 天目朴树 天目朴、浙江朴
Celtis chekiangensis W. C. Cheng

科名：榆科 Ulmaceae

属名：朴属 *Celtis*

形态特征▶ 落叶乔木，高达20m。树皮灰白色；当年生小枝密被黄色长柔毛，二年生枝无毛，具长圆形皮孔。叶互生；叶片长圆形、椭圆状长圆形或倒卵状长圆形，长3~11.5cm，宽2.5~4.7cm，先端长渐尖，基部稍偏斜，边缘中部以上有锯齿，上面叶脉微隆起，下面有稀疏毛，叶脉明显凸起；叶柄长4~9mm，密被黄色长柔毛。核果1~2个生于叶腋，果梗长1~2cm，无总梗，被黄色长柔毛；果球形，直径约6mm，熟时橙红色；种子卵球形，直径约3mm，具2条肋。花期4—5月，果期8—9月。

分布与生境▶ 见于仙人桥、西关、马峰庵、小西㠛湾、虎皮岩等地，生于海拔700~1400m的山坡、山谷林中。产于临安、淳安、衢江。

保护价值▶ 浙江特有种。树干通直，树冠宽阔，可作绿化树种。茎皮纤维强韧，可作造纸和人造棉原料。根、皮、嫩叶可入药，有消炎止痛、清热解毒的功效。

保护与濒危等级▶ 浙江省重点保护野生植物；《中国生物多样性红色名录——高等植物卷》评估为濒危（EN）。

22 榉树 大叶榉树
Zelkova schneideriana Hand.-Mazz.

科名：榆科 Ulmaceae
属名：榉属 *Zelkova*

形态特征 落叶乔木，高达30m。树皮呈不规则片状剥落，一年生枝密被灰色柔毛，冬芽常2个并生。叶互生；叶片厚纸质，卵状椭圆形至卵状披针形，大小变化较大，长3.6~12.2cm，宽1.3~4.7cm，先端渐尖，基部宽楔形或圆形，边缘具桃形锯齿，上面粗糙，具脱落性硬毛，下面密被淡灰色柔毛，侧脉8~14对，直伸齿尖；叶柄长1~4cm，密被毛。雄花1~3朵簇生于叶腋，雌花或两性花常单生于小枝上部叶腋。坚果斜卵状球形，直径2.5~4mm，上面偏斜，凹陷，有网肋。花期3—4月，果期10—11月。

分布与生境 见于石坞口，散生于低海拔的阔叶林中。产于全省各地。分布于淮河流域、长江中下游及其以南地区。

保护价值 中国特有种。彩叶树种，树体雄伟，树干通直，枝细叶美，是优良的观赏绿化树种。木材纹理细致、强韧坚重，耐水湿，为船舶、桥梁、建筑、高级家具的上等用材。

保护与濒危等级 国家Ⅱ级重点保护野生植物；《中国生物多样性红色名录——高等植物卷》评估为近危（NT）。

23 米面蓊 羽毛球树、九层皮

Buckleya lanceolata (Sieb. et Zucc) Miq.

科名：檀香科 Santalaceae

属名：米面蓊属 *Buckleya*

形态特征 落叶半寄生灌木，高1~2.5m。树皮灰色至灰褐色。小枝纤细，直立或斜展。叶对生；叶片纸质，卵形至卵状披针形或椭圆状披针形，长2~9cm，宽1~3cm，先端尾状渐尖，基部楔形，全缘，两面中侧脉均隆起，脉上被微柔毛，近无柄。雄花序伞形，顶生及腋生，花序梗长1~2cm，黄绿色至绿白色；花梗纤细，长5~10mm；花萼4裂，裂片近三角形。雌花单生于枝顶和叶腋；花梗极短；萼片黄绿色，与苞片互生。核果倒卵状椭圆形，长1~1.5mm，熟时黄褐色，平滑无毛，顶端具宿存苞片。花期5月，果期9—10月。

分布与生境 见于马峰庵电站附近，生于海拔500~700m的山坡灌丛中。产于临安、建德、义乌、永康、天台。分布于甘肃、陕西、山西、四川、河南、湖北、安徽等地。

保护价值 中国特有种。果含淀粉，可腌制，供食用。鲜叶有毒，外用治皮肤瘙痒。

保护与濒危等级 《中国生物多样性红色名录——高等植物卷》评估为无危（LC）。

24 肾叶细辛 马蹄香
Asarum renicordatum C. Y. Cheng et C. S. Yang

科名：马兜铃科 Ariatolochiaceae

属名：细辛属 *Asarum*

形态特征 多年生草本，高10~15cm。全体被白色多细胞长柔毛。根状茎斜伸，粗约3mm，有多条纤维根。叶2片，对生；叶片肾状心形，长3~4cm，宽6~7.5cm，先端钝圆，基部心形，两侧裂片长约2cm，顶端圆形，常内弯与叶柄靠近，叶面散生长柔毛，叶背及边缘的毛较密；叶柄长10~14cm。花生于2枚叶之间；花梗长约2.5cm；花被裂片下部靠合如管状，花被裂片上部三角状披针形，先端渐窄，成一窄长尖头或短尖头；雄蕊与花柱等长或稍长，药隔锥尖；花柱合生，顶端6裂，裂片常内凹，呈倒心形，柱头常位于裂片凹缝处。花期4—5月，果期7—8月。

分布与生境 见于石坞口，生于山坡林下阴湿处及沟谷旁。产于临安。分布于安徽黄山。

保护价值 中国特有种。全草入药。植株形态优美，可作观赏植物。

保护与濒危等级 《中国生物多样性红色名录——高等植物卷》评估为濒危（EN）。

25 杜衡 马辛
Asarum forbesii Maxim.

科名：马兜铃科 Ariatolochiaceae

属名：细辛属 *Asarum*

被子植物 双子叶植物

形态特征 多年生草本，高10~15cm。根状茎短；须根肉质，微具辛辣味。叶1~2枚，薄纸质，肾形或圆心形，长、宽各2.5~8cm，先端圆钝，基部深心形，上面常具灰白色云斑，两面脉上及上面近边缘处被微毛；叶柄长4~15cm，无毛。花单生于叶腋；花梗长1~2cm；花被筒钟形，直径0.5~1cm，喉部有狭膜环，花被裂片宽卵形，上举，脉纹明显；雄蕊12枚，花丝极短；子房半下位，花柱6，离生，先端2浅裂，柱头位于花柱裂片下方的外侧。蒴果卵球形，直径约1.3cm。花期3—4月，果期5—6月。

分布与生境 见于龙王山电站、石坞口，生于山坡林下阴湿处。产于杭州及长兴、诸暨、嵊州、定海。分布于华东、华中及四川。

保护价值 中国特有种。全草入药，可祛风止痛、温经散寒，用于治疗风寒头痛、肺寒咳喘、中暑、腹痛、风湿痹痛、跌打损伤、毒蛇咬伤。植株小巧，叶形美观，常具灰白色云斑，可盆栽供观赏。

保护与濒危等级 《中国生物多样性红色名录——高等植物卷》评估为近危（NT）。

26 细辛 华细辛
Asarum sieboldii Miq.

科名：马兜铃科 Ariatolochiaceae
属名：细辛属 *Asarum*

形态特征 多年生草本，高10~25cm。根状茎短；须根肉质，极辛辣，有麻舌感。叶1~2枚；叶片薄纸质，肾状心形，长7~14cm，宽6~12cm，先端短渐尖，基部深心形，上面被微毛，下面脉上被微毛；叶柄长10~20cm，无毛；鳞片叶椭圆形。花单生于叶腋，花梗长2~3cm；花被筒钟形，直径约1cm，内侧仅具多数纵褶，花被裂片宽卵形，平展；雄蕊12枚，花丝长于或等长于花药，药隔延伸成短舌状；子房半下位，花柱6，基部合生，先端2浅裂，柱头位于花柱裂片下方的外侧。蒴果近球形，直径约1.5cm。花期4—5月。

分布与生境 见于东关、虎皮岩、西关、马峰庵等地，生于山坡、沟谷林下阴湿处及覆土的岩石上。产于德清、临安、淳安、衢江。分布于湖北、河南、安徽、山东、四川、山西。日本也有。

保护价值 常用中药材，全草有祛风散寒、止痛的功效，用于治疗风寒头痛、痰饮咳喘、关节疼痛、鼻塞、牙痛。

保护与濒危等级 《中国生物多样性红色名录——高等植物卷》评估为易危（VU）。

27 **金荞麦** 野荞麦、金锁银开

Fagopyrum dibotrys (D. Don) H. Hara

科名：蓼科 Polygonaceae

属名：荞麦属 *Fagopyrum*

形态特征 多年生草本，高50~100cm。块根结节状，坚硬。茎直立中空，分枝，具纵棱。叶互生；叶片三角形，长4~12cm，宽4~10cm，顶端渐尖，基部近戟形，边缘全缘，两面具乳头状凸起或被柔毛；托叶鞘筒状。花序伞房状，顶生或腋生；苞片卵状披针形，顶端尖，边缘膜质，每一苞内具2~4枚花，花梗中部具关节，与苞片近等长；花被5深裂，白色，花被片长椭圆形，雄蕊8枚，花柱3。瘦果宽卵形，具3条锐棱，长6~8mm，黑褐色。花期7—9月，果期8—10月。

分布与生境 见于石坞口，生于山谷湿地。产于全省各地。分布于华东、华中、华南、西南、西北。印度、缅甸、尼泊尔、越南也有。

保护价值 块根供药用，有清热解毒、软坚散结、调经止痛之效，主治跌打损伤、腰肌劳损、咽喉肿痛、流火及痢疾。

保护与濒危等级 国家Ⅱ级重点保护野生植物；《中国生物多样性红色名录——高等植物卷》评估为无危（LC）。

28 天目山孩儿参
Pseudostellaria tianmushanensis G. H. Xia et G. Y. Li

科名：石竹科 Caryophyllaceae
属名：孩儿参属 *Pseudostellaria*

形态特征 多年生草本，高8~15cm。块根纺锤形，常数个串生。茎单生，直立，具2列毛。茎中部以下的叶片倒披针形，顶端尖，基部渐狭成柄；中部以上的叶片倒卵状披针形，长1~2cm，宽4~8mm，具短柄，基部疏生缘毛。开花受精花顶生或腋生；花梗细，被柔毛；萼片5枚，披针形，绿色；花瓣5枚，白色，长圆状倒披针形，长于萼片，顶端2裂；雄蕊10枚，稍短于花瓣，花药紫色；花柱2~3。闭花受精花腋生；花梗短；萼片4枚，披针形；花柱2，极短。蒴果卵圆形，直径3.5~4mm，稍长于宿存萼，4瓣裂。种子肾形，稍扁，表面具极低瘤状凸起。花期5—6月，果期7—8月。

分布与生境 见于千亩田、三道岭，生于山地林下。产于临安天目山。

保护价值 浙江特有种。该种形态与异花孩儿参 *P. heterantha* 十分接近，其亲缘关系有待进一步研究。模式标本采自天目山，目前仅知天目山和安吉小鲵2个自然保护区内有分布，对孩儿参属的研究具有重要价值。

保护与濒危等级 《中国生物多样性红色名录——高等植物卷》未予评估（NE）。

29 孩儿参 太子参、异叶假繁缕
Pseudostellaria heterophylla (Miq.) Pax

科名：石竹科 Caryophyllaceae
属名：孩儿参属 *Pseudostellaria*

形态特征 多年生草本，15~30cm。块根纺锤形。茎通常单生，直立，近四方形，基部带紫色，上部绿色。茎中下部的叶片对生，狭长披针形，茎顶端常4枚叶对生成"十"字形；叶片卵状披针形至长卵形，长3~6cm，宽1~3cm，先端渐尖，基部宽楔形。花两型，均腋生；茎下部的花较小，萼片4枚，卵形，被短柔毛，通常无花瓣；茎顶部的花较大，萼片5枚，披针形，花瓣5枚，白色，倒卵形，与萼片近等长，基部渐狭或具极短的瓣柄。蒴果卵球形。种子圆肾形，黑褐色，表面生疣状凸起。花期4—5月，果期5—6月。

分布与生境 见于千亩田、马峰庵、东关、西关等地，生于阴湿的山坡及石隙中。产于杭州、台州、金华、衢州。分布于东北、华北、西北、华中。日本、朝鲜也有。

保护价值 块根入药，名"太子参"，有补肺阴、健脾胃的功效，治肺虚咳嗽、心悸、精神疲乏等症。

保护与濒危等级 浙江省重点保护野生植物；《中国生物多样性红色名录——高等植物卷》评估为无危（LC）。

③⓪ 领春木 正心木、水桃
Euptelea pleiosperma Hook. f. et Thoms

科名：领春木科 Eupteleaceae
属名：领春木属 *Euptelea*

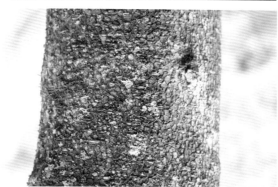

形态特征 ▶ 落叶灌木或小乔木，高2~15m。树皮紫黑色或灰色；芽卵形，芽鳞深褐色，有光泽。叶片纸质，通常卵形或近圆形，长5~14cm，宽3~9cm，边缘疏生细尖锯齿，幼叶锯齿先端有红色腺体，侧脉6~11对。花单生于苞腋，4~12朵集生，先叶开放；花两性；无花被；花托扁平；雄蕊6~18枚，排列在外轮，花丝纤细，花药红色；子房扁平，歪斜，绿色，稍带红色，柱头白色，每一子房通常具1~4枚胚珠。翅果棕色。种子1~3个，卵形，黑色。花期4月，果期7—8月。

分布与生境 ▶ 见于马峰庵、石坞口，生于海拔600~1400m的溪边阔叶林中。产于临安、遂昌。分布于西南及湖北、河南、河北、山西、陕西、甘肃。印度也有。

保护价值 ▶ 树木纹理美观，是高档家具或仪器表盒用材；树形优美，树干通直，可作观赏树。

保护与濒危等级 ▶ 《中国生物多样性红色名录——高等植物卷》评估为无危（LC）。

被子植物
双子叶植物

31 连香树 芭蕉香清
Cercidiphyllum japonicum Sieb. et Zucc.

科名：连香树科 Cercidiphyllaceae
属名：连香树属 *Cercidiphyllum*

形态特征 落叶乔木，高10~30m。树皮暗灰色或棕灰色，呈薄片状剥落。长枝上的叶对生，叶片卵形或近圆形，长2.5~3.5cm，宽约2cm，先端圆或钝尖，基部心形，边缘具圆齿，基出脉3~5条；短枝上只生1枚叶，形状同长枝叶，掌状脉5~7条，有时脉上略有柔毛；托叶披针形，早落。雄花单生或4朵簇生于叶腋，近无梗，苞片在花期红色，花丝细长，花药黄褐色；雌花腋生，离生心皮2~6枚，暗褐色，花柱线形，柱头红色，胚珠多数。聚合蓇葖果2~6个，圆柱形，荚果状，褐色或黑色，顶端具宿存花柱。种子数个，小而扁平，先端有透明翅，淡褐色。花期4月，果期8月。

分布与生境 见于西关，生于海拔940~1000m的山坡或山谷溪边阔叶林中。产于临安、开化、遂昌。分布于华中、西南及安徽、山西、陕西、甘肃。日本也有。

保护价值 树干高大，幼时生长迅速，寿命长，心、边材区别较明显，纹理直，结构细，可作枕木、图版、雕刻、铅笔杆、家具、建筑等原料。树皮和叶含鞣质，可提制栲胶。也可栽培供观赏。

保护与濒危等级 国家Ⅱ级重点保护野生植物；《中国生物多样性红色名录——高等植物卷》评估为无危（LC）。

32 赣皖乌头 缙兰花
Aconitum finetianum Hand.-Mazz.

科名：毛茛科 Ranunculaceae
属名：乌头属 *Aconitum*

形态特征 ▶ 多年生草本，高达2m。根圆柱形，长约8cm，直径3~4mm。茎缠绕，中上部疏生反曲的短柔毛。茎下部叶片五角状肾形或扁圆形，长6~9cm，宽9~18cm，叶柄可长达30cm；茎上部叶渐变小，叶柄与叶片近等长或稍短。总状花序具4~9枚花，花序轴和花梗均密被淡黄色反曲短柔毛；小苞片小，线形；萼片5枚，白色带淡紫色，外被紧贴的短柔毛；花瓣与上萼片等长，无毛，距与唇近等长或稍长，先端稍拳卷。雄蕊无毛，花丝全缘；心皮3枚，子房疏被紧贴的短柔毛。蓇葖果长0.8~1.1cm。种子倒圆锥状三棱形，长约1.5mm，生横狭翅。花期8—9月，果期10—11月。

分布与生境 ▶ 见于东关、西关，生于海拔900m以上的山地林下阴湿处。产于杭州、丽水及余姚、江山、兰溪。分布于江西、安徽、湖南。

保护价值 ▶ 中国特有种。块根中含有多种生物碱，具有较高的药用价值，在浙江以"草乌"之名入药，有祛风除湿、散寒止痛的功效，对细菌性痢疾、肠炎、风湿神经痛等疗效显著。

保护与濒危等级 ▶《中国生物多样性红色名录——高等植物卷》评估为无危（LC）。

33 展毛川鄂乌头
Aconitum henryi Pritz. var. *villosum* W. T. Wang

科名：毛茛科 Ranunculaceae

属名：乌头属 *Aconitum*

形态特征 多年生草本，高达1.5m。块根倒圆锥形或胡萝卜形，长1.5~3.8cm。茎缠绕，无毛。中部叶片坚纸质，卵状五角形，长4~10cm，宽6.5~12cm，3全裂，中央全裂片披针形或菱状披针形，边缘疏生粗牙齿，两面无毛或表面疏被毛；叶柄长为叶片的1/3~2/3。总状花序具3~6枚花，花序轴和花梗密被开展柔毛；小苞片生于花梗中部，线状钻形；萼片蓝色，外被开展柔毛；花瓣无毛，唇长约8mm，微凹，距长4~5mm，内弯；雄蕊无毛，花丝全缘；心皮3枚，无毛或疏被短柔毛。花期9—10月，果期10—11月。

分布与生境 见于东关、千亩田，生于海拔1200m以上的山坡灌木丛中或山谷沟边。产于临安。分布于湖南、湖北、四川、陕西、河南、山西。

保护价值 中国特有种。种群数量较稀少，呈散状分布，浙江仅见于天目山山脉高海拔区域。块根可入药，具祛风除湿、活血行瘀的功效，用于治疗跌打损伤、风湿痛。花色艳丽，可供观赏。

保护与濒危等级 《中国生物多样性红色名录——高等植物卷》未予评估（NE），其原变种川鄂乌头（*A. henryi* Pritz.）被评估为无危（LC）。

34 龙王山银莲花
Anemone raddeana Regel var. *lacerata* Y. L. Xu

科名：毛茛科 Ranunculaceae
属名：银莲花属 *Anemone*

形态特征 多年生草本，高10~30cm。根状茎横走，圆柱形，长2~3cm，粗3~7mm。基生叶1枚，具长柄，质地较薄；叶片3全裂，分裂程度大，小裂片数目较多，疏被脱落性柔毛；叶柄长2~7.8cm，叶柄及小叶柄上具较密柔毛。花葶近无毛，苞片3枚，近扇形，长1~2cm；萼片9~18枚，白色，长圆形或线状长圆形，长1.2~1.9cm，宽2.2~6mm，无毛；雄蕊长4~8mm，花药椭圆形，花丝丝形；心皮约30枚，子房密被短柔毛。花期4—5月，果期5—6月。

分布与生境 见于石坞口，生于海拔500~1000m的阔叶林下。

保护价值 浙江特有种。以安吉县"龙王山"命名的银莲花属新变种，由徐耀良于1991年在龙王山发现并命名，模式标本存于浙江自然博物馆。龙王山银莲花作为东北区系植物多被银莲花（*A. raddeana* Regel）的变种，显示龙王山地区留有第四纪冰期物种的遗存，对研究气候变迁和物种演化有一定价值。

保护与濒危等级 《中国生物多样性红色名录——高等植物卷》评估为无危（LC）。

35 **大花威灵仙**
Clematis courtoisii Hand.-Mazz.

科名：毛茛科 Ranunculaceae
属名：铁线莲属 *Clematis*

形态特征 攀援木质藤本。须根黄褐色，鲜时微带辣味。茎圆柱形，长2~4m，棕红色或深棕色。叶为三出复叶至二回三出复叶，薄纸质或亚革质，长圆形或卵状披针形，长4~8cm，宽2~4cm，先端渐尖或长尖，基部阔楔形至圆形，全缘，稀2~3裂；叶柄长6~10cm，基部略膨大。花单生于叶腋；花大，直径5~10.5cm；萼片6枚，白色，长3.5~4.5cm，宽1.5~2.5cm，内面无毛，外面沿三条直的中脉形成1条青紫色的带，被稀疏柔毛；雄蕊暗紫色，长1.5cm，花药线形，花丝无毛；心皮长4~5mm，子房及花柱被贴伏长柔毛，柱头膨大，无毛。瘦果倒卵形，长5mm，宽4mm，灰棕色，疏被柔毛，宿存花柱长1.5~3cm，被黄色柔毛。花期4—5月，果期7—8月。

分布与生境 见于石坞口，生于海拔450m左右的山坡谷地、溪边路旁的阔叶林中，常攀援于树上。产于临安、诸暨。分布于江苏、安徽、湖南、河南。

保护价值 中国特有种。花大且美，是优良的铁线莲属种质资源，可供庭院垂直绿化。全草供药用，有清热解毒、祛痰镇咳、利尿消肿、通便之功效，可治疗毒蛇咬伤等症。

保护与濒危等级 《中国生物多样性红色名录——高等植物卷》评估为无危（LC）。

36 华中铁线莲
Clematis pseudootophora M. Y. Fang

科名：毛茛科 Ranunculaceae

属名：铁线莲属 *Clematis*

形态特征 攀援草质藤本，长1.5~2m。茎圆柱形，淡黄色，有6条浅纵棱，无毛。三出复叶，小叶片纸质，长椭圆状披针形或卵状披针形，长5~11cm，宽2~4.5cm，先端渐尖，基部圆形或宽楔形，有时偏斜，上部边缘有不等浅锯齿，下部常全缘；叶柄长4~8cm，基部稍增宽。聚伞花序腋生，常具1~3枚花；花钟状，下垂，直径2~3.5cm；萼片4枚，淡黄色，卵圆形或卵状椭圆形，长2.5~3cm，宽1~1.2cm，先端急尖，外面无毛，内面微被贴伏短柔毛，边缘密被淡黄色茸毛；雄蕊长1.5~2cm，花丝线形，花药密被短柔毛；子房花柱被短柔毛。瘦果棕色，纺锤形或倒卵形，长5mm，被短柔毛；宿存花柱长4~5cm，被黄色柔毛。花期8—9月，果期9—11月。

分布与生境 见于西关，生于海拔850~1000m的向阳山坡、沟边林下及灌丛中。产于丽水及临安、淳安。分布于江西、湖北、湖南、贵州。

保护价值 中国特有种。花色艳丽，攀援性强，是优良的种质资源，可供庭院垂直绿化。

保护与濒危等级 《中国生物多样性红色名录——高等植物卷》评估为无危（LC）。

37 短萼黄连 浙黄连

Coptis chinensis Franch. var. *brevisepala* W. T. Wang et Hsiao

科名：毛茛科 Ranunculaceae
属名：黄连属 *Coptis*

形态特征 多年生草本，高10~30cm。根状茎黄色，密生多数须根，味极苦。叶基生，叶片坚纸质，卵状三角形，宽约10cm，3全裂，中央裂片具3或5对羽状裂片，边缘具细刺尖的锐锯齿；叶柄长5~12cm。二歧或多歧聚伞花序，具花3~8朵；花小，黄绿色；萼片短，长约6.5mm，比花瓣长1/5~1/3，不反卷；花瓣线形或线状披针形，长5~6.5mm，中央有密槽；雄蕊12~20枚；心皮8~12枚。蓇葖果长6~8mm。种子7~8粒，长椭圆形，长2mm，褐色。花期2—3月，果期4—6月。

分布与生境 见于石坞口，生于海拔450m左右的山坡谷地、溪边路旁的阔叶林中，常攀援于树上。产于临安、诸暨。分布于江苏、安徽、湖南、河南。

保护价值 中国特有种。名贵中药材，富含生物碱，药效显著，具有清热燥湿、泻火解毒之功效，具有广谱抗生素的作用，常用于治疗湿热内盛、泄泻痢疾等，且具有抗癌、抗放射及促进细胞代谢等作用。其分布虽广，但因过度采挖、自然生境破坏等，野生资源已极为稀少。

保护与濒危等级 浙江省重点保护野生植物；《中国生物多样性红色名录——高等植物卷》评估为濒危（EN）。

38 獐耳细辛 幼肺三七

Hepatica nobilis Schreb. var. *asiatica* (Nakai) Hara

科名：毛茛科 Ranunculaceae

属名：獐耳细辛属 *Hepatica*

形态特征 多年生草本，高8~20cm。根状茎短，密生须根。叶基生，3~6片，具长柄；叶片正三角状宽卵形，长2.5~6.5cm，宽4.5~7.5cm，基部深心形，3裂至中部，全缘，有稀疏柔毛；叶柄长6~10cm，被脱落性长柔毛。花葶1~6条，有长柔毛；苞片3枚，背面密被长柔毛；萼片6~11枚，白色、粉红色或堇色，狭长圆形，长8~14mm，宽3~6mm，先端钝；雄蕊长2~6mm，花药椭圆形，长约0.7mm；子房密被长柔毛。瘦果卵球形，长4mm，被长柔毛，花柱宿存。花期4—5月，果期6—7月。

分布与生境 见于东关、千亩田、虎皮岩，生于海拔900m以上富含腐殖质的阴湿草坡、路旁和覆土的岩石上。产于临安、余姚、奉化、宁海、磐安、临海、仙居。分布于安徽、河南、辽宁。朝鲜也有。

保护价值 獐耳细辛属是北温带欧亚间断分布的典型例证，对植物区系的研究具有一定的价值。本种早春开花，花色多样，是优良的早春地被花卉资源，国外已有不少獐耳细辛属的园艺品种。根状茎入药，具活血祛风、杀虫止痒之功效，主治劳伤、筋骨疼痛等症。

保护与濒危等级 《中国生物多样性红色名录——高等植物卷》评估为无危（LC）；浙江省极小种群物种。

39 草芍药 野芍药
Paeonia obovata Maxim.

科名：毛茛科 Ranunculaceae
属名：芍药属 *Paeonia*

被子植物
双子叶植物

形态特征 多年生草本，高30~70cm。根粗壮，长圆柱形。茎直立，无毛。叶2~3枚，互生；下部叶为二回三出复叶，上部叶为三出复叶或单叶；顶生小叶片倒卵形或宽椭圆形，长9.5~14cm，宽4~10cm，先端短尖，基部楔形，全缘，上面深绿色，下面淡绿色，无毛或沿中脉疏生柔毛；叶柄长5~12cm。单花顶生；花大，直径5~10cm；萼片3~5枚，宽卵形，长1.2~1.5cm，淡绿色；花瓣6枚，白色、红色或紫红色，倒卵形，长3~5.5cm，宽1.8~2.8cm；雄蕊多数，花丝淡红色；花盘浅杯状；心皮2~5枚，无毛。蓇葖果卵圆形，长2~3cm，成熟时果皮反卷，呈红色。花期5—6月，果期9月。

分布与生境 见于虎皮岩、小西囡湾、西关、马峰庵，生于海拔1300m以下的潮湿草丛或富含腐殖质的阴向山坡。产于临安、天台。分布于华东、华中、西南、华北、西北。朝鲜、日本、俄罗斯也有。

保护价值 花色艳丽，是优良的园林观赏植物，可用于花坛、花境，也可以做切花。根入药，有养血调经、凉血止痛、活血散瘀之效，活性成分主要为芍药甙和芍药苷，具有较高的药用价值。

保护与濒危等级 浙江省重点保护野生植物；《中国生物多样性红色名录——高等植物卷》评估为无危（LC）。

40 尖叶唐松草
Thalictrum acutifolium (Hand.-Mazz.) Boivin.

科名：毛茛科 Ranunculaceae
属名：唐松草属 *Thalictrum*

形态特征 多年生草本，高25~65cm。全体无毛或有时叶背疏被柔毛。根肉质，胡萝卜形，长约5cm，粗达4mm。茎中部以上分枝。基生叶2~3枚，具长柄，二回三出复叶；小叶草质，卵形，长2.5~5cm，宽1~3cm，先端急尖或钝，基部圆形、圆楔形或心形，不分裂或不明显3浅裂，边缘有疏牙齿；茎生叶小，具短柄。伞房花序，花稀疏；萼片4枚，白色或带粉红色，卵形，长约2mm，早落；花药长圆形，花丝上部倒披针形，下部丝形；心皮6~12枚，花柱极短，腹面全部生柱头组织。瘦果扁，狭长圆形，稍不对称，有时略呈镰状弯曲，有8条细纵肋。花期4—7月，果期6—8月。

分布与生境 见于马峰庵，生于海拔1300m以下的沟谷溪边或林下湿润处。产于杭州、宁波、台州、衢州、温州、丽水。分布于华东、华南、西南。

保护价值 中国特有种。根及根状茎入药，具有清热、泻火、解毒之功效，用于治疗腹泻、痢疾、目赤肿痛及湿热黄疸。

保护与濒危等级 《中国生物多样性红色名录——高等植物卷》评估为近危（NT）。

41 华东唐松草
Thalictrum fortunei S. Moore

科名：毛茛科 Ranunculaceae

属名：唐松草属 *Thalictrum*

形态特征 多年生草本，高20~66cm。全体无毛。茎自下部或中部分枝。基生叶具长柄；茎生叶2~3枚，二至三回三出复叶，叶片宽5~10cm；小叶草质，顶生小叶近圆形，长、宽各1~2cm，先端圆，基部圆形或浅心形，不明显3浅裂，边缘具浅圆齿；叶柄细，长约6cm，有细纵槽。复单歧聚伞花序圆锥状；萼片4枚，白色或淡堇色，倒卵形，长3~4.5mm；花药椭圆形，花丝上部倒披针形；心皮3~6枚，花柱短，直立或先端弯曲，沿腹面生柱头组织。瘦果无柄，纺锤形或长圆形，长4~5mm，有6~8条纵肋，宿存花柱长1~1.2mm，顶端通常拳卷。花期3—5月，果期5—7月。

分布与生境 见于马峰庵、仙人桥、虎皮岩、东关，生于海拔400~1300m的山坡或林下阴湿处。产于杭州、宁波、台州、衢州、丽水、温州。分布于安徽、江西、江苏。

保护价值 中国特有种。全草入药，具有解毒消肿、明目止泻之效，可治急性结膜炎、痢疾、黄疸及蛔虫等症。

保护与濒危等级 《中国生物多样性红色名录——高等植物卷》评估为近危（NT）。

42 猫儿屎 矮杞树
Decaisnea insignis (Griff.) Hook. f. et Thoms.

科名：木通科 Lardizabalaceae
属名：猫儿屎属 *Decaisnea*

形态特征 落叶灌木，高4~5m。茎直立，有圆形或椭圆形皮孔，稍被白粉。奇数羽状复叶，长50~80cm，小叶13~25枚；小叶对生，卵圆形或卵状椭圆形，先端渐尖或尾状渐尖，全缘，上面绿色，下面青白色。总状花序腋生或复合为圆锥花序，长20~50cm；花淡绿色，萼片披针形，先端长渐尖，外轮者长约3cm，内轮者长约2.5cm，无花瓣；雄花雄蕊6枚，花丝连合，药隔角状凸出；雌花有不育雄蕊6枚，心皮3

枚。果圆柱形，稍弯曲，长5~10cm，幼时绿色或黄绿色，成熟时蓝色，被白粉，具小疣凸，腹缝开裂。种子倒卵形，黑色，扁平，长约1cm。花期5—6月，果期9—10月。

分布与生境 见于马峰庵、西关，生于海拔800~1500m的山坡灌丛或沟旁阴湿处。产于杭州及遂昌。分布于华东、华中、西南及广西、陕西。尼泊尔、缅甸、印度、马来西亚也有。

保护价值 第三纪古老子遗树种，资源稀少。果皮含胶量达21.87%，可提取橡胶，制成各种橡胶器材；果富含维生素、糖类、蛋白质、脂肪、碳水化合物及微量元素，味甜可口，另可用于酿酒、制醋、制糖、制饮料等；种子可榨油；根和果可入药，有清热解毒之功效，可治疝气等。

保护与濒危等级 浙江省重点保护野生植物；《中国生物多样性红色名录——高等植物卷》评估为无危（LC）。

43 安徽小檗
Berberis anhweiensis Ahrendt

科名：小檗科 Berberidaceae
属名：小檗属 *Berberis*

形态特征 落叶灌木，高1~2m。幼枝暗紫色，老枝黄色或灰黄色，具条棱，散生黑色小疣点。茎刺单生，稀三叉，长1~2cm。叶薄纸质，近圆形或宽椭圆形，长2~9cm，宽1.5~5cm，先端钝圆，基部楔形下延，边缘有15~40枚刺状齿，上面绿色至深绿色，下面苍绿色，两面网脉明显，无毛。总状花序长3~7.5cm，具花10~27朵，着生于花序梗的上半部，微有香气；花黄色；萼片2轮，花瓣短于内轮萼片，具2枚橘黄

色腺体；花丝黄绿色，花药淡黄色；子房绿色，几无花柱。浆果熟时红色，倒卵形至椭圆形，长约9mm，直径约6mm。花期4—7月，果期9—10月。

分布与生境 见于龙王峰，生于海拔1500m左右的山地灌木丛中。产于临安。分布于安徽、湖北。

保护价值 中国特有种。民间用其根皮及茎内皮代黄檗用，具抗菌消炎之效，水煎服用于治疗急性肝炎、胆囊炎、痢疾等。

保护与濒危等级 《中国生物多样性红色名录——高等植物卷》评估为无危（LC）。

44 庐山小檗
Berberis virgetorum Schneid.

科名：小檗科 Berberidaceae
属名：小檗属 *Berberis*

形态特征 落叶灌木，高1~2m。木质部及内皮层呈黄色，幼枝红褐色，老枝灰黄色，具条棱，无疣点。茎刺单生，稀三叉，长1~2.5cm，具沟槽，顶端锐尖。叶片薄纸质，长圆状菱形，长3.5~8cm，宽1.5~4cm，先端急尖、短渐尖或微钝，基部楔形渐狭，下延成叶柄，全缘或略呈波状；上面黄绿色，下面灰白色，有白粉。总状或近伞形花序，具花3~12朵；花黄色；萼片2轮，外轮萼片长圆状卵形，长1.5~2mm，内轮萼片长圆状倒卵形，长约4mm；花瓣椭圆状倒卵形，稍短于内轮萼片，基部具2枚分离长圆形腺体；雄蕊长约3mm。浆果熟时红色，长圆状椭圆形，长9~12mm，直径约4.5mm，无宿存花柱。花期4—5月，果期9—10月。

分布与生境 见于西关、千亩峰、三道岭，生于海拔800~1500m的山地灌木丛中。产于杭州、丽水、温州及鄞州、永康、天台。分布于华东、华中、华南。

保护价值 中国特有种。根皮、茎中小檗碱含量较高，民间多代黄连、黄檗使用，为清热泻火、抗菌消炎药。

保护与濒危等级 《中国生物多样性红色名录——高等植物卷》评估为无危（LC）。

 六角莲

Dysosma pleiantha (Hance) Woodson

科名：小檗科 Berberidaceae
属名：鬼臼属 *Dysosma*

被子植物 双子叶植物

形态特征 多年生草本，高20~60cm。根状茎粗壮，呈圆形结节，具淡黄色须根。地上茎直立，淡绿色，无毛，顶端生2枚叶。叶对生；叶片近纸质，盾状，轮廓近圆形，直径16~33cm，5~9浅裂，上面暗绿色，下面淡黄绿色，两面无毛，边缘具细刺齿；叶柄长10~28cm，无毛。花5~8朵排成伞形花序状，生于两茎生叶柄交叉处；花两性，紫红色，下垂；萼片6枚，椭圆状长卵形至卵形，长1~2cm，早落；花瓣6枚，倒卵状长圆形，长3~4cm；雄蕊6枚，长约2.3cm，镰状弯曲，花丝扁平；雌蕊1枚，子房上位，1室，花柱长约3mm，柱头头状。浆果倒卵状长圆形或椭圆形，长约3cm，熟时近黑色。花期4—6月，果期7—9月。

分布与生境 见于仙人桥、马峰庵、小西岙湾，生于海拔600~1400m的山坡、沟谷林下湿润处或阴湿溪谷草丛中。产于杭州、丽水、宁波及嵊州、天台、开化。分布于华东、华中、华南等地。

保护价值 中国特有种。传统名贵中药材，其自然繁殖率低、过度采挖以及生境破坏等原因，导致野生资源十分稀缺。根状茎入药，具有清热解毒、化痰散结、祛瘀消肿之效，用于治疗痈肿疮疖、瘰疬、咽喉肿痛、跌打损伤、毒蛇咬伤等，其有效成分鬼臼毒素具抗肿瘤、抗病毒的作用，可制成抗癌新药，对治疗食道癌、子宫癌等效果良好。叶形美观，花色艳丽，可用于园林绿化。

保护与濒危等级 浙江省重点保护野生植物；《中国生物多样性红色名录——高等植物卷》评估为近危（NT）。

46 柔毛淫羊藿
Epimedium pubescens Maxim.

科名：小檗科 Berberidaceae

属名：淫羊藿属 *Epimedium*

形态特征 多年生草本，高20~70cm。根状茎粗短，被褐色鳞片。叶基生或茎生，一回三出复叶；茎生叶对生，小叶3枚；小叶革质，卵形、狭卵形或披针形，长3~15cm，宽2~8cm，先端渐尖或短渐尖，基部心形，顶生小叶基部裂片圆形，几等大，侧生小叶基部裂片极不等大，背面密被茸毛，边缘具细密刺齿；花茎具2枚对生叶。圆锥花序具花30~100朵，长10~20cm，花序轴及花梗被腺毛；花直径约1cm；萼片2轮，外萼片长阔卵形，带紫色，内萼片披针形或狭披针形，白色；花瓣远较内萼片短，囊状，淡黄色；雄蕊长约4mm，外露；雌蕊长约4mm。蒴果长圆形，宿存花柱长喙状。花期4—5月，果期5—7月。

分布与生境 见于石坞口至马峰庵，生于海拔500~1200m的山坡林下、灌丛中或山沟阴湿处。产于临安。分布于西北、西南、华中及安徽。

保护价值 中国特有种。茎、叶入药，具有镇咳、祛痰、平喘及抗炎作用，主要含淫羊藿苷、挥发油成分，能促进性腺功能，主治阳痿不举、小便淋沥、筋骨挛急、半身不遂、腰膝无力、风湿痹痛、四肢不仁等症。

保护与濒危等级 浙江省重点保护野生植物；《中国生物多样性红色名录——高等植物卷》评估为无危（LC）。

47 三枝九叶草 箭叶淫羊藿
Epimedium sagittatum (Sieb. et Zucc.) Maxim.

科名：小檗科 Berberidaceae

属名：淫羊藿属 *Epimedium*

形态特征 多年生草本，高25~50cm。根状茎粗短，呈结节状，质硬，多须根。地上茎直立，具棱脊，无毛。一回三出复叶基生和茎生；小叶革质，卵形至卵状披针形，叶片大小变化大，长4~20cm，宽3~8.5cm，先端急尖或渐尖，基部心形，上面无毛，下面疏被长柔毛，边缘具刺齿。圆锥花序顶生，长7.5~10cm，花梗无毛；花多且小，直径6~8mm，两性，白色；萼片2轮，外萼片长圆状卵形，带紫色斑点，内萼片卵状三角形，先端急尖，白色；花瓣4枚，囊状，淡棕黄色；雄蕊4枚，长3~5mm，花药长2.5mm，紫褐色，花丝带紫红色；雌蕊1枚，长约3mm。蒴果长约1cm，顶端喙状。种子数粒，肾状长圆形，深褐色。花期2—3月，果期3—5月。

分布与生境 见于石坞口至马峰庵，生于海拔500~1000m的山坡林下草丛、灌丛中。产于杭州、丽水、台州、衢州、金华及嵊州。分布于华东、华中、华南、西北及台湾。

保护价值 中国特有种。全草入药，有补精强壮、祛风湿之效，主治肾虚阳痿、腰膝无力、四肢麻木、关节风湿痛等症，也可作兽药，可治牛、马阳痿及神经衰弱等症。

保护与濒危等级 浙江省重点保护野生植物；《中国生物多样性红色名录——高等植物卷》评估为近危（NT）。

48 江南牡丹草
Gymnospermium kiangnanense
(P. L. Chiu) Loconte

科名：小檗科 Berberidaceae
属名：牡丹草属 *Gymnospermium*

形态特征 多年生草本，高20~40cm。根状茎近球形，断面黄色。地上茎直立或外倾，无毛，微被白粉，通常黑紫色。叶1枚，生于茎顶，二至三回三出羽状复叶；叶片草质，长6~10cm，宽9~18cm，2~3深裂，裂片全缘，上面淡绿色，下面粉绿色。总状花序顶生，具13~16朵花；花两性，黄色，直径1.1~1.8cm；萼片常6枚，花瓣状，长8~9mm；花瓣6枚，退化成蜜腺状，长约2mm；雄蕊6枚，长4~7mm；雌蕊具短柄，子房菱状卵形。蒴果近球形，顶端尖，5瓣裂。种子通常2枚，近倒卵形，熟时绿褐色。花期3—4月，果期4—5月。

分布与生境 产地未知。产于临安、淳安，生于海拔700~800m的丘陵林缘。分布于安徽南部。

保护价值 浙皖特有种。野外分布地域狭小，仅分布于浙江西北部及安徽皖南山区。根状茎入药，有小毒，具清热解毒、活血化瘀之功效，用于治疗跌打损伤、头晕头痛、外伤出血等症。

保护与濒危等级 浙江省重点保护野生植物；《中国生物多样性红色名录——高等植物卷》评估为数据缺乏（DD）；浙江省极小种群物种。

49 鹅掌楸 马褂木

Liriodendron chinense (Hemsl.) Sarg.

科名：木兰科 Magnoliaceae
属名：鹅掌楸属 *Liriodendron*

形态特征 落叶大乔木，高达40m。全体无毛。树干通直，树皮浅裂，灰白色。叶互生；叶片形似马褂，长6~15cm，基部具1对侧裂片，先端截平或微凹，下面苍白色，具乳头状白粉点；叶柄长4~14cm。花单生于枝顶，杯状，花被片9片，外轮3片绿色，萼片状，内两轮6片，黄绿色，具黄色纵条纹；花药长10~16mm，花丝长5~6mm，花期时雌蕊群超出花被，心皮黄绿色。聚合果长7~9cm，小坚果具翅，长约6mm，顶端钝。花期5月，果期9月。

分布与生境 见于虎皮岩、东关，生于海拔900m以上的落叶阔叶林中，有时成为群落建群种。产于湖州、杭州、温州、衢州、台州、丽水，各地广泛栽培。分布于安徽、江西、湖北、湖南、四川、贵州、陕西。

保护价值 古老的孑遗植物，在日本、意大利和法国的白垩纪地层中发现化石，到新生代第三纪本属鹅掌楸属尚有10余种，第四纪冰期时大部分种类灭绝，现仅残存鹅掌楸和北美鹅掌楸两种，成为东亚和北美间断分布的典型实例，对研究古植物学和植物系统发育有重要的科研价值。树体高大；叶形奇特；花大，色彩淡雅，美而不艳，秋色金黄色；适作风景区、公园、庭院、平原四旁绿化观赏植物。木材纹理直，结构细，易加工，少变形，少开裂，为建筑、船舶、家具、细木工的优良用材。叶和树皮入药，有祛风除湿、散寒止咳的功效。心材提取物具有抗菌作用。

保护与濒危等级 国家Ⅱ级重点保护野生植物；《中国生物多样性红色名录——高等植物卷》评估为无危（LC）。

50 天目木兰 天目玉兰
Magnolia amoena Cheng

科名：木兰科 Magnoliaceae

属名：木兰属 *Magnolia*

形态特征 落叶乔木，高10~15m。树皮灰色，平滑；小枝较细，嫩枝绿色，老枝带紫色。叶互生；叶片纸质，倒披针形或倒披针状椭圆形，长9~15cm，宽3~5cm，先端渐尖或急尖呈尾状，基部楔形，上面无毛，下面沿脉和脉腋有弯曲柔毛；叶柄长1~1.5cm，具环状托叶痕。花先叶开放，红色或淡红色，芳香，直径约6cm；佛焰苞状苞片紧接花被片；花被片9枚，倒披针形或匙形；雄蕊长9~10mm，花药侧向开裂，紫红色；雌蕊群圆柱形，长2cm。聚合果圆柱形，常因部分心皮不发育而弯曲，长6~14cm。花期3—4月，果期9—10月。

分布与生境 见于马峰庵、西关，生于海拔800~1200m的阔叶林中。产于宁波及吴兴、临安、诸暨、龙泉。分布于安徽、江苏。

保护价值 被子植物中最原始的类群之一，是研究被子植物系统发育及起源的宝贵材料，自然种群分布范围狭窄、个体数目稀少，是中国东部特有种。树形优美，花朵美丽芳香，是重要的园林观赏植物。树皮、花蕾入药，可代"辛夷"，具清热利尿、解毒消肿、润肺止咳之功效，主治酒疸、重舌、痈肿疮疖、肺燥咳嗽、痰中带血等。

保护与濒危等级 浙江省重点保护野生植物；《中国生物多样性红色名录——高等植物卷》评估为易危（VU）。

51 黄山木兰 黄山玉兰
Magnolia cylindrica Wils.

科名：木兰科 Magnoliaceae
属名：木兰属 *Magnolia*

形态特征 落叶乔木，高达15m。树皮灰白色，平滑；幼枝、叶柄被淡黄色平伏毛，老枝紫褐色，皮揉碎有辛辣香气。叶互生；叶片纸质，倒卵形或倒卵状椭圆形，长6~13cm，宽3~6cm，先端钝尖或圆，基部楔形，上面绿色，无毛，下面灰绿色，被均匀贴伏短毛；叶柄长1~2cm，具环状托叶痕。花先叶开放，无香气；花被片9片，外轮3片膜质，萼片状，绿色，内两轮花瓣状，白色，基部常红色；雄蕊长约10mm，花丝淡红色；雌蕊群绿色，圆柱状卵圆形，长约1.2cm。聚合果圆柱形，长4.5~7.5cm，下垂，熟时带暗红色。花期4—5月，果期8—9月。

分布与生境 见于虎皮岩、西关，生于海拔900m以上的山坡林中。产于杭州、金华、衢州、丽水。分布于安徽、江西、福建、湖北、河南。

保护价值 中国东部中亚热带山地特有植物，野外资源少，呈零星分布。其适应性强，树干通直，树形优美，花色多样，高雅秀丽，是珍贵的园林观赏树种和芳香材料。木材结构细，纹理美观，可做高档家具。树皮、花蕾可入药，花可代"辛夷"。

保护与濒危等级 《中国生物多样性红色名录——高等植物卷》评估为无危（LC）。

52 玉兰
Magnolia denudata Desr.

科名：木兰科 Magnoliaceae
属名：木兰属 *Magnolia*

形态特征 落叶乔木，高达15m。树皮深灰色，老则不规则开裂。冬芽及花梗密被淡灰黄色长绢毛。叶互生；叶片纸质，宽倒卵形或倒卵状椭圆形，长8~18cm，宽6~10cm，先端宽圆或截平，具短凸尖，基部楔形，全缘，上面深绿色，下面淡绿色，沿脉被柔毛。花先叶开放，直径12~15cm，大而显著，芳香；花被片9枚，长圆状倒卵形，白色，基部常带粉红色；雄蕊长7~12mm，花药侧向开裂；雌蕊群淡绿色，无毛，圆柱形，长2~2.5cm。聚合果圆柱形，长8~17cm，部分心皮不发育。种子心形，侧扁，外种皮红色，内种皮黑色。花期2—3月，果期8—9月。

分布与生境 见于石坞口至马峰庵，生于海拔400~800m的山地林中。产于杭州、宁波、台州。分布于华东及湖南、贵州。

保护价值 中国特有种。传统观赏花木，早春白花满树，艳丽芳香，是驰名中外的庭院、道路观赏绿化树种。材质优良，纹理直，结构细，供家具、图板、细木工等用。花蕾入药，与"辛夷"功效相同；花含芳香油，可提取香精和制浸膏；花被片可食用或用以熏茶。种子榨油，供工业用。

保护与濒危等级 《中国生物多样性红色名录——高等植物卷》评估为近危（NT）。

53 凹叶厚朴 厚朴

Magnolia officinalis Rehd. et Wils. subsp. *biloba* (Rehd. et Wils.) Law

形态特征 落叶乔木，高达20m。树皮灰色，不裂，有凸起圆形皮孔。叶大，近革质，常7~12片聚生于枝梢；叶片长圆状倒卵形，长20~30cm，先端凹缺成2枚钝圆的浅裂片，基部楔形，全缘或微波状，上面绿色，无毛，下面灰绿色，有白粉。花大，与叶同时开放，白色，直径10~15cm，芳香；花被片9~12片，厚肉质，外轮3片淡绿色，长圆状倒卵形，盛开时常向外反卷，内两轮白色，倒卵状匙形；雄蕊花丝短，长2~3cm，红色；雌蕊群椭圆状卵圆形，长2.5~3cm。聚合果长圆状卵形，长9~15cm，基部较窄。种子三角状倒卵形，外种皮红色，长约1cm。花期4—5月，果期9—10月。

分布与生境 见于东关，生于海拔900~1300m的山地林间。产于杭州、金华、衢州、台州、丽水及嵊州。分布于华东、华南、华中。

保护价值 中国特有种。树皮、根皮、花、种子及芽皆可入药，尤以树皮"厚朴"为著名中药材，具化湿导滞、行气平喘、化食消痰、祛风镇痛之效；种子有明目益气之功效；芽作妇科药用。种子还可榨油，含油量35%，出油率25%，可制肥皂。木材纹理直，轻软，结构细，供建筑、板料、家具、雕刻、乐器、细木工等用。叶大荫浓，花大美丽，可作绿化观赏树种。

保护与濒危等级 国家Ⅱ级重点保护野生植物；《中国生物多样性红色名录——高等植物卷》未予评估（NE）。

54 天女木兰 天女花、小花木兰
Magnolia sieboldii K. Koch.

科名：木兰科 Magnoliaceae
属名：木兰属 *Magnolia*

形态特征 落叶小乔木，高3~8m。幼枝细长，淡灰褐色，与芽均被银灰色长柔毛。叶互生；叶片膜质，倒卵形或宽倒卵形，长6~15cm，宽4~10cm，先端骤狭急尖或短渐尖，基部圆或宽楔形，叶片背面苍白色，常被褐色和白色柔毛，沿脉密生长绢毛。花与叶同时开放或稍后于叶开放，单生于枝顶，白色，芳香，杯状，盛开时碟状，直径7~10cm；花被片9片，近等大，外轮3片，长椭圆形，基部被白毛，内两轮6片，倒卵形，基部渐狭成短爪；雄蕊紫红色，长9~11mm，花药内向纵裂，顶端微凹或药隔平，不伸出；雌蕊群椭圆形，绿色，长约1.5cm。聚合果卵形或长圆形，长5~7cm，熟时红色。种子心形，外种皮红色，内种皮褐色，长、宽均6~7mm。花期5—6月，果期8—9月。

分布与生境 见于西关，生于海拔1000m以上的山地。产于临安、龙泉、庆元。分布于安徽、江西、福建、广东、辽宁。朝鲜、日本也有。

保护价值 本种间断分布于中国、朝鲜和日本，对研究植物区系有科学价值。植株秀丽，花芳香，具长花梗，随风招展，是珍贵的观赏植物。花入药，可制浸膏，也可提取芳香油。木材材质优良，可制农具等。

保护与濒危等级 浙江省重点保护野生植物；《中国生物多样性红色名录——高等植物卷》评估为近危（NT）；浙江省极小种群物种。

55 樟 香樟、樟树
Cinnamomum camphora (L.) Presl

科名：樟科 Lauraceae
属名：樟属 *Cinnamomum*

形态特征 常绿乔木，高达30m，胸径达5m。幼树树皮常绿色，光滑不裂，老时黄褐色至灰黄褐色，不规则纵裂；小枝绿色，光滑无毛。叶互生；叶片薄革质，卵形或卵状椭圆形，长6~12cm，宽2.5~5.5cm，先端急尖，基部宽楔形至近圆形，边缘呈微波状起伏，上面有光泽，下面常被白粉，两面无毛或下面幼时略被微柔毛，离基三出脉，近基部1~2对侧脉长而显著，侧脉及支脉脉腋在上面显著隆

起，在下面有明显腺窝，腺窝内常有柔毛；叶柄长2~3cm，无毛。圆锥花序生于当年生枝叶腋，长3.5~7cm；花淡黄绿色，长约3mm；花梗长1~2mm；花被裂片椭圆形，长约2mm，外面无毛，内面密被短柔毛。果近球形，直径6~8mm，熟时紫黑色；果托杯状，顶端截平。花期4—5月，果期8—11月。

分布与生境 见于石坞口，生于低海拔的阔叶林中或林缘。产于全省各地。分布于长江流域及其以南各地。越南、朝鲜、日本也有。

保护价值 木材纹理美观、致密，易加工，具芳香，防虫蛀，耐水湿，为船舶、建筑、家具、雕刻、工艺美术等珍贵用材。根、枝、木材、叶可提取樟脑和樟油，供医药、化工、防腐、杀虫等用。种子可榨油，供制肥皂、润滑剂等用。树冠宽广，枝叶茂密，常栽为行道树和庭院绿化树。

保护与濒危等级 国家Ⅱ级重点保护野生植物；《中国生物多样性红色名录——高等植物卷》评估为无危（LC）。

56 浙江樟 天竺桂
Cinnamomum chekiangense Nakai

科名：樟科 Lauraceae
属名：樟属 *Cinnamomum*

形态特征 常绿乔木，高达15m。树皮灰褐色，有芳香及辛辣味。小枝幼时被细短柔毛，渐变无毛。叶互生或近对生；叶片薄革质，长椭圆形、长椭圆状披针形至狭卵形，长6~14cm，宽1.7~5cm，先端长渐尖至尾尖，基部楔形，上面深绿色，有光泽，两面无毛，或幼时下面被微毛，后脱落，离基三出脉，侧脉在两面隆起，网脉不明显；叶柄被细柔毛。圆锥状聚伞花序生于去年生小枝叶腋，长1.5~5cm，具2~5朵花；花序梗和花梗均被贴伏柔毛；花黄绿色，直径约7mm；花被片长椭圆形，两面被柔毛。果卵形至长卵形，熟时蓝黑色，微被白粉；果托碗状。花期4—5月，果期10月。

分布与生境 见于石坞口附近，生于海拔700m以下的山坡沟谷阔叶林中。产于杭州、宁波、台州、衢州、丽水、温州及舟山普陀。分布于华中、华东及台湾。

保护价值 中国特有种。干燥树皮、枝皮可入药，也可用作烹饪佐料；树皮、枝、叶可提取芳香油，供制香精；木材耐水湿，具香气，可作船舶、建筑、家具等用材。

保护与濒危等级 《中国生物多样性红色名录——高等植物卷》未予评估（NE）。

57 江浙山胡椒 江浙钓樟
Lindera chienii Cheng

科名：樟科 Lauraceae
属名：山胡椒属 *Lindera*

▶ **形态特征** 落叶灌木或小乔木，高达5m。树皮灰色；小枝常灰褐色，有纵条纹，密被脱落性白色柔毛。叶互生；叶片纸质，倒披针形至倒卵形，长6~10cm，宽2.5~4.5cm，先端急尖或渐尖，基部楔形，全缘，上面深绿色，下面淡绿色，沿脉被白色柔毛，羽状脉，侧脉5~8对，网脉两面明显；叶柄长达1cm，被白色柔毛。伞形花序生于腋芽两侧，花序梗长5~7mm；总苞片4枚，内具5~12朵花；花梗长2~2.5mm，密被白色绢毛。果圆球形，熟时鲜红色，果托增大成盘状；果梗长6~12mm。花期3—4月，果期9—10月。

▶ **分布与生境** 见于龙王山电站，生于山坡、沟谷阔叶林中。产于余杭。分布于江苏、安徽、河南。

▶ **保护价值** 中国特有种。本种分布区狭窄，十分稀少，省内仅见于安吉和余杭。叶和果可提取芳香油，供工业用。

▶ **保护与濒危等级** 《中国生物多样性红色名录——高等植物卷》评估为无危（LC）。

58 天目木姜子
Litsea auriculata Chien et Cheng

科名：樟科 Lauraceae
属名：*木姜子属 Litsea*

形态特征 落叶乔木，高达25m。树皮灰白色，不规则圆片状剥落；小枝紫褐色，粗壮，无毛。叶互生；叶片纸质，倒卵圆形，长8~23cm，宽5.5~13.5cm，先端钝尖至钝圆，基部耳形，上面深绿色，下面苍白色，侧脉7~9对；叶柄长3~11cm。伞形花序腋生，先叶开放；每一花序具雄花5~9朵；雄花黄色，花梗长1.3~1.6cm；雌花黄绿色，较小，花梗长6~7mm。果卵形至椭圆形，长13~17mm，直径11~13mm，成熟时紫黑色。花期3—4月，果期9—10月。

分布与生境 见于西关，生于海拔1100~1300m的山坡、沟谷林中。产于临安、淳安、德清、诸暨、天台、庆元等地。分布于安徽。

保护价值 中国特有种，野生资源稀少，应注意保护。树干斑驳，叶形奇特，黄花满枝，生机盎然，秋季叶色转黄，耀眼夺目，适作行道树、庭荫树、园景树或切花，也适作风景林混交造林树种。根皮、果、叶可药用。

保护与濒危等级 浙江省重点保护野生植物；《中国生物多样性红色名录——高等植物卷》评估为易危（VU）。

59 浙江楠
Phoebe chekiangensis C. B. Shang

科名：樟科 Lauraceae
属名：楠属 *Phoebe*

形态特征 常绿乔木，高达40m。树皮淡褐黄色，不规则纵裂；小枝有棱，密被柔毛。叶互生；叶片革质，倒卵状椭圆形至倒卵状披针形，稀披针形，长7~13cm，宽3.5~5cm，先端突渐尖或长渐尖，基部楔形或近圆形，上面幼时有短柔毛，下面被短柔毛，脉上被长柔毛，侧脉8~10对，网脉下面明显；叶柄长1~1.5cm，密被黄褐色茸毛或柔毛。圆锥花序腋生，长5~10cm；花序梗和花梗密被黄褐色茸毛；花小，黄绿色；花被片卵形，两面被毛。果椭圆状卵形，长1.2~1.5cm，熟时蓝黑色，外被白粉。种子两侧不等，多胚性。花期4—5月，果期9—10月。

分布与生境 产地未知。产于杭州、宁波、温州、丽水，常生于常绿阔叶林中。分布于江西、福建。

保护价值 中国特有种。树干通直，材质坚硬，是建筑、家具等的优质用材。树身高大，枝条粗壮，斜伸，雄伟壮观，叶四季青翠，适作庭院、公园观赏树种。

保护与濒危等级 国家Ⅱ级重点保护野生植物；《中国生物多样性红色名录——高等植物卷》评估为易危（VU）。

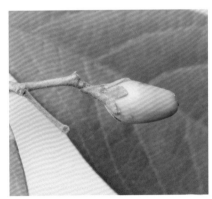

60 **土元胡** 白花土元胡
Corydalis humosa Migo

科名：罂粟科 Papaveraceae
属名：紫堇属 *Corydalis*

形态特征 多年生草本，高9~20cm。块茎球形，直径5~10mm，外面污白色，切面黄白色。茎纤细，基部具1~2枚鳞片。无基生叶，茎生叶2枚；叶一至二回三出全裂，叶柄长2~7cm，小叶柄长1.5~3cm；小叶椭圆形，全缘，有时深裂成倒卵形的裂片，长5~25mm，宽4~12mm。总状花序具1~4枚花，疏离；苞片卵圆形至卵状披针形，长4~6mm，宽2~3mm；花梗纤细，长5~10mm；花白色，上花瓣连距长1~1.2cm，瓣片宽展，顶端微凹，具小短尖，距圆筒形，长5~7mm，蜜腺体长约2.5mm，末端钝，下花瓣长约6mm，具短瓣柄，内花瓣长约4mm，顶端带紫红色；柱头圆柱形，周边乳突不明显。蒴果卵圆形，长8~22mm，宽3~7mm，具2列种子。种子直径1.3~1.8mm，具环状排列的锥状凸起。花果期4—5月。

分布与生境 见于西关、千亩田，生于海拔1000~1400m的林下或岩石下腐殖质丰厚处。产于临安。

保护价值 浙江特有种，仅产于安吉、临安，十分稀少。块茎入药，有活血散瘀、理气止痛之效，可代小药八旦子或延胡索药用。

保护与濒危等级 浙江省重点保护野生植物；《中国生物多样性红色名录——高等植物卷》评估为易危（VU）；浙江省极小种群物种。

61 全叶延胡索
Corydalis repens Mandl et Muehld.

科名：罂粟科 Papaveraceae
属名：紫堇属 *Corydalis*

形态特征 多年生草本，高8~20cm。块茎球形，直径1~1.5cm，切面近白色，微苦。茎细长，基部以上具1枚鳞片。叶二回三出，小叶披针形至倒卵形，全缘，有时分裂，长6~25mm，宽5~16mm。总状花序具6~14枚花；苞片披针形至卵圆形，全缘或顶端稍分裂，下部的长约1cm，宽4~6mm；花梗纤细，长6~14mm，果期有时长达20cm，多少具乳突状毛；花淡紫色，外花瓣宽展，全缘或微波状，顶端下凹，上花瓣连距长1.5~1.9cm，瓣片常上弯，距圆筒形，直或末端稍下弯，长7~9mm，蜜腺体长为距的1/2，渐尖，下花瓣长6~8mm；柱头扁圆形，具不明显的6~8枚乳突。蒴果宽椭圆形或卵圆形，长8~10mm，具2列种子。种子直径约1.5mm，光滑。花果期3—5月。

分布与生境 见于马峰庵，生于海拔700~1000m的林下或林缘。产于临安、鄞州、磐安。分布于河北、东北。俄罗斯、朝鲜也有。

保护价值 我国东北地区以本种代延胡索药用，块茎具有活血、散瘀、理气、止痛等功效。

保护与濒危等级 浙江省重点保护野生植物；《中国生物多样性红色名录——高等植物卷》评估为无危（LC）。

62 延胡索 玄胡索、元胡

Corydalis yanhusuo (Y. H. Chou et C. C. Hsu)
W. T. Wang ex Z. Y. Su et C. Y. Wu

科名：罂粟科 Papaveraceae
属名：紫堇属 *Corydalis*

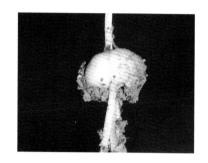

形态特征 ▶ 多年生草本，高7~20cm。块茎圆球形，直径0.5~2.5cm，外面黄褐色，内面黄色。茎直立，常分枝，近基部具1~2枚鳞片。茎生叶3~4枚；叶片宽三角形，长3.5~7cm，二回三出全裂，小叶3裂或3深裂，裂片披针形，长2~4cm，宽3~10mm，全缘。总状花序顶生，长2.5~8cm，疏生5~15枚花；苞片披针形或狭卵圆形，长6~20mm，上部全缘，下部通常分裂，栽培者通常掌状细裂；花梗与苞片近等长；花紫红色，外花瓣宽展，边缘具齿，顶端微凹，具短尖，上花瓣连距长1.5~2.2cm，瓣片边缘具齿，距圆筒形，长1.1~1.3cm，常上弯，蜜腺体长约5mm，末端钝，下花瓣具短爪；柱头圆柱形，具较长的8个乳突。蒴果条形，长2~2.8cm，具1列种子。种子亮黑色，卵球形，长1.3~1.8mm，表面有不明显网纹。花期3—4月，果期4—5月。

分布与生境 ▶ 见于马峰庵，生于山坡林缘草丛中或沟边、岩石缝间。产于浙江省北部、西北部及中部。分布于江苏、安徽、江西、湖北、河南、山东。

保护价值 ▶ 中国特有种。块茎为著名的常用中药，具有活血、行气、止痛的功效。花色艳丽，可供栽培观赏。

保护与濒危等级 ▶ 浙江省重点保护野生植物；《中国生物多样性红色名录——高等植物卷》评估为易危（VU）。

63 心叶诸葛菜 心叶碎米荠、心叶华葱芥

Orychophragmus limprichtiana
(Pax) Al-Shehbaz et G.Yang

科名：十字花科 Brassicaceae
属名：诸葛菜属 *Orychophragmus*

形态特征 多年生草本，高15~45cm。根状茎短。茎直立，多分枝。基生叶卵状心形，长2.5~7cm，宽2.5~4.5cm，边缘具圆钝锯齿，有时有侧生小叶1~3对，叶柄长4~5.5cm；茎生叶三角状心形，长4~8cm，宽2.5~4cm，先端渐尖，基部心形或近截形，边缘具长圆状锯齿或三角状牙齿，齿端具小短尖头，具较长叶柄；最上部叶较小，长圆状披针形或三角状披针形，边缘具三角状锯齿，具短柄。总状花序顶生和腋生；萼片长椭圆形，长约3mm；花瓣白色，长圆状倒卵形，长5~7mm，先端截平或微凹，向下渐狭成短瓣柄；子房线形，柱头扁头状。长角果线形，长2~6cm，宽1.5~1.8mm，果瓣无毛，种子1行。种子卵状长圆形，棕褐色，长2~2.5mm。花期3—5月，果期5—6月。

分布与生境 见于石坞口至马峰庵，生于山坡林下或溪边草丛中。产于杭州、宁波、金华、丽水。分布于江苏、安徽。

保护价值 华东特有种。全草作野菜供食用或药用，具有疏风清热、利尿解毒的功效；种子可榨油。

保护与濒危等级 《中国生物多样性红色名录——高等植物卷》评估为近危（NT）。

64 云南山萮菜 山萮菜、浙江山萮菜
Eutrema yunnanense Franch.

科名：十字花科 Brassicaceae
属名：山萮菜属 *Eutrema*

形态特征 多年生草本，高30~80cm。根状茎横卧，粗约1cm，具多数须根。地上茎直立或斜上升，表面有纵沟，下部无毛，上部常有毛。基生叶近圆形，长5~16cm，宽4.5~16.5cm，基部深心形，边缘具波状齿或牙齿，叶柄长8~35cm；茎生叶长卵形或卵状三角形，顶端渐尖，基部浅心形，边缘有波状齿或锯齿，向上渐小。总状花序顶生，果期伸长；花梗长5~10mm；萼片卵形，长约1.5mm；花瓣白色，长圆形，长3.5~6mm，顶端钝圆，有短爪。角果长圆筒状，长7~15mm，宽1~2mm，两端渐窄；果梗纤细，长8~25mm，向下反折，角果常翘起。种子长圆形，长2.2~2.5mm，褐色。花期3—4月。

分布与生境 见于东关，生于海拔900m以上的林下、山坡草丛中或溪沟边。产于宁波及临安、莲都。分布于华东、华中、西北、西南。

保护价值 中国特有种。茎、叶可作野菜供食用。

保护与濒危等级 《中国生物多样性红色名录——高等植物卷》评估为无危（LC）。

65 紫花八宝
金景天、猫舌草、活血丹
Hylotelephium mingjinianum (S. H. Fu) H. Ohba

科名：景天科 Crassulaceae
属名：八宝属 *Hylotelephium*

形态特征 多年生草本，高20~40cm。茎直立或有时稍弯曲，无毛，常不分枝。叶互生，肉质；上部叶线形，长约2cm，宽约2mm，下部叶椭圆状倒卵形，长8~12cm，宽3~5cm，先端钝或急尖，基部渐狭，边缘上部波状钝齿形，下部全缘。花序顶生，伞房状，密集，长5~7cm，宽6~10cm；萼片5枚，长圆状披针形，长2~2.5mm，宽0.7mm；花瓣5枚，紫色，倒卵状长圆形，长5mm，宽1.7mm，急尖，直立开

展；雄蕊10枚，长5mm；鳞片5枚，匙状长圆形，长约1mm；心皮5枚，直立，卵形，长约5mm，分离，基部有短柄；花柱长1mm。种子褐色，线形，长约1mm，表面生细乳头状凸起。花期9—10月，果期11月。

分布与生境 见于石坞口至马峰庵，生于海拔500~900m的山涧溪边阴湿处和石隙中。产于临安、磐安。分布于安徽、湖南、湖北、广西。

保护价值 中国特有种。全草可供药用，具有活血生肌、止血解毒的功效；可作盆栽供观赏或园林绿化。

保护与濒危等级 《中国生物多样性红色名录——高等植物卷》评估为近危（NT）。

66 薄叶景天
Sedum leptophyllum Fröd.

科名：景天科 Crassulaceae
属名：景天属 *Sedum*

形态特征 多年生草本。根状茎块状，须根短。地上茎直立；不育茎高8~15cm，顶端的叶簇生状；花茎自基部发出，下部不具叶。叶3枚轮生，叶片狭线状披针形至狭线状倒披针形，长1.5~3.5cm，宽1~2mm，先端钝，基部有短距。聚伞花序顶生，常有2~3分枝；花几无梗；苞片叶状，较小形；萼片5枚，狭三角形，长约1mm；花瓣黄色，5枚，狭披针形，长4~4.5mm；雄蕊10枚，较花瓣短；鳞片3枚，宽匙状长方形，长约1mm；心皮3枚，披针形至长圆形，长约3mm；花柱长约1mm，基部约1mm以下合生，略叉开，有胚珠2~5颗。花期7—8月，果期9—10月。

分布与生境 见于千亩田、虎皮岩，生于海拔1300~1500m的阴湿岩石上或林下湿处。产于临安。分布于安徽、湖北、湖南。

保护价值 中国特有种。植株密集成丛，花色金黄，可作岩面美化、地被、盆栽及盆景点缀材料。

保护与濒危等级 《中国生物多样性红色名录——高等植物卷》评估为无危（LC）。

67 细小景天 姬莲花

Sedum subtile Miq.

科名：景天科 Crassulaceae
属名：景天属 *Sedum*

形态特征 多年生草本。茎绿色，分枝多；花茎高5~12cm，下部有不育枝着生。叶对生或3~5叶轮生，倒卵形，长10~20mm，宽5~8mm；花茎上部的叶互生，倒披针状线形，长5~15mm，宽1~2mm，先端钝。聚伞花序顶生，有2~3分枝，每枝疏生3至数花；苞片线形；萼片5枚，狭披针形至宽线形，长3~7mm，不等长，先端钝，基部有短距；花瓣5枚，黄色，宽披针形，长约5mm，先端尖；雄蕊10枚；鳞片5枚，宽楔形，长0.4mm，宽0.5mm，先端截形；心皮5枚，直立，披针形，全长5mm；花柱细，长约2mm。蓇葖果成熟时星芒状开展。种子褐色，卵形，表面生有乳头状凸起。花果期4—6月。

分布与生境 见于千亩田、三道岭，生于海拔900m以上的沟边阴湿的岩石上。产于临安。分布于江西、江苏。日本也有。

保护价值 东亚特有种。植株密集成丛，花色金黄，可作岩面美化、地被、盆栽及盆景点缀材料。

保护与濒危等级 《中国生物多样性红色名录——高等植物卷》评估为无危（LC）。

68 黄山梅
Kirengeshoma palmata Yatabe

科名：虎耳草科 Saxifragaceae
属名：黄山梅属 *Kirengeshoma*

形态特征 多年生草本，高80~130cm。茎直立，近四棱形，无毛。单叶对生；叶片圆心形，长、宽各10~20cm，掌状分裂，裂片7~10枚，两面疏被白色伏毛，下面沿脉较密；叶柄较长，茎上部的渐短，至无柄，呈抱茎状。聚伞花序生于上部叶腋和茎端，通常具3枚花；花两性，钟形，直径4~5cm，稍俯垂；花萼5裂，裂片短三角形；花瓣淡黄色，5枚，离生，长圆状倒卵形或近狭倒卵形，长3~3.5cm；雄蕊15枚，3轮，不等长；花柱3~4枚，丝状，长约2cm，子房3~4室。蒴果宽卵形，长约1.7cm，直径约1.6cm，具宿存花柱。种子扁平，周围具斜翅。花期3—4月，果期5—8月。

分布与生境 见于东关、虎皮岩，生于海拔900~1500m的山坡林下阴湿处或沟边。产于临安、淳安。分布于安徽。日本也有。

保护价值 东亚特有种。单种属植物，是中国和日本间断分布的典型种类，对虎耳草科的物种演化以及区系研究具有科研价值。根可入药，可治全身酸疼发麻。花色艳丽，可作花境、林下地被，也可作盆栽或切花。

保护与濒危等级 国家Ⅱ级重点保护野生植物；《中国生物多样性红色名录——高等植物卷》评估为无危（LC）；浙江省极小种群物种。

69 腺蜡瓣花
Corylopsis glandulifera Hemsl.

科名：金缕梅科 Hamamelidaceae
属名：蜡瓣花属 *Corylopsis*

被子植物
双子叶植物

形态特征 落叶灌木或小乔木，高2~5m。树皮灰褐色，幼枝无毛。叶互生；叶片倒卵形，长5~9cm，宽3~6cm，先端急尖，基部斜心形或近圆形，边缘上半部有锯齿，齿尖刺毛状，上面绿色，无毛，下面淡绿色，被星状柔毛或至少脉上有毛。总状花序生于侧枝顶端，长3~5cm，花序轴及花序梗均无毛；鳞片近圆形，外面无毛，内面贴生丝状毛；苞片卵形，小苞片长圆形；萼筒钟状，外面无毛，萼齿卵形，先端钝，无毛；花瓣匙形，长5~6mm；雄蕊5枚，比花瓣略短，退化雄蕊2深裂，与萼筒近等长；子房无毛，花柱长不及1mm。蒴果近球形，长6~8mm，无毛。种子亮黑色，长约4mm。花期4月，果期5—8月。

分布与生境 见于东关，生于山坡灌丛及溪沟边。产于杭州、金华、丽水、温州。分布于江西。

保护价值 浙赣特有种。先叶开花，花序下垂，光泽如蜜蜡，色黄，具芳香，清丽宜人，可丛植于草地、林缘、路边或点缀于假山、岩石间，均具情趣，盆栽观赏效果更佳。

保护与濒危等级 《中国生物多样性红色名录——高等植物卷》评估为近危（NT）。

70 牛鼻栓
Fortunearia sinensis Rehder et E. H. Wilson

科名：金缕梅科 Hamamelidaceae
属名：牛鼻栓属 *Fortunearia*

形态特征 落叶灌木或小乔木，高3~7m。叶互生；叶片膜质，倒卵形或倒卵状椭圆形，长7~15cm，宽4~7cm，先端锐尖，基部圆形至宽楔形，边缘有波状齿，齿端具突尖，上面深绿色，除中脉外秃净无毛，下面脉上有星状柔毛。总状花序长3~6cm；花两性；萼筒倒圆锥形，长约1mm，萼齿长卵形，长约1.5mm，先端有毛；花瓣狭披针形，比萼齿稍短；雄蕊近无花丝或很短，花药卵形，长约1.5mm；子房有毛，花柱2枚，长约1.5mm。蒴果木质，成熟时褐色，卵球形，长1~1.5cm，外面无毛，密布白色皮孔，2瓣裂，每瓣再2浅裂。种子亮褐色，卵球形，长约1cm。花期4月，果期7—9月。

分布与生境 见于石坞口、龙王山电站，生于海拔400~700m的山坡、溪边灌丛中。产于杭州、宁波、台州及德清。分布于江苏、安徽、江西、湖北、四川、河南、陕西。

保护价值 中国特有种。枝、叶或根药用，具有益气、止血的功效。

保护与濒危等级 《中国生物多样性红色名录——高等植物卷》评估为易危（VU）。

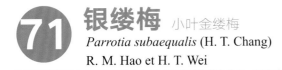

71 银缕梅 小叶金缕梅
Parrotia subaequalis (H. T. Chang)
R. M. Hao et H. T. Wei

科名：金缕梅科 Hamamelidaceae
属名：银缕梅属 *Parrotia*

形态特征 落叶小乔木，高5~15m。常有大型头状、坚硬虫瘿。树皮不规则斑块状剥落，光滑。叶互生；叶片薄革质，倒卵形，长4~6.5cm，宽2~4.5cm，中部以上最宽，先端钝，基部圆形、截形或微心形，两侧对称，边缘在靠近顶端处有数个波状浅齿，不具齿凸，下半部全缘，侧脉4~5对；托叶早落。总状花序腋生或顶生，两性花4~5朵，花序梗长约1cm，具星状毛；花近无梗；萼筒浅杯状，长约1mm，外侧有灰褐色星状毛，萼齿卵圆形，长3mm，先端圆形；无花瓣；花丝细长下垂；子房近于上位，基部与萼筒合生，有星状毛；花柱2枚，长约2mm。蒴果近圆形，长8~9mm，具星状毛，花柱宿存。种子纺锤形，长6~7mm，褐色有光泽。花期3—4月，果期9—10月。

分布与生境 见于马峰庵、小西圪湾、仙人桥，生于海拔700~1100m山坡林中。产于临安、余姚。分布于安徽、江苏。

保护价值 华东特有种。秋色叶树，树干苍劲、奇特，适作公园、庭院绿化观赏植物，最宜用于石景点缀，也可制作桩景。木材细密、坚重，可作细木工、工艺品、家具等。

保护与濒危等级 国家Ⅰ级重点保护野生植物；《中国生物多样性红色名录——高等植物卷》评估为极危（CR）；浙江省极小种群物种。

72 杜仲 思仲、丝绵皮
Eucommia ulmoides Oliv.

科名：杜仲科 Eucommiaceae
属名：杜仲属 *Eucommia*

形态特征 ▶ 落叶乔木，高4~10m。树皮纵裂，灰褐色，粗糙，内含橡胶。嫩枝有黄褐色毛，不久变秃净，老枝有明显的皮孔。单叶互生，无托叶。树皮、叶折断时有银白色胶丝。花单生异株，生于当年枝基部，雄花密集成头状花序，无花被；花梗极短，无毛；苞片边缘有睫毛，早落；雄蕊长约1cm，无毛，花丝短，药隔凸出，花粉囊细长。雌花具短梗，子房无毛，1室，扁而长，先端2裂，子房柄极短。翅果扁平，长椭圆形，先端2裂，基部楔形，周围具薄翅；种子扁平，线形，两端圆形。早春开花，秋后果实成熟。

分布与生境 ▶ 见于马峰庵、小西园湾，生于海拔800~1000m的山坡、山沟林下。产于杭州。分布于华中、西南及西北。

保护价值 ▶ 中国特有的孑遗植物。名贵中药材，树皮药用，具有降血压、补中益气、强筋骨的功效。新叶可制茶。优良的园林绿荫树及行道树种。

保护与濒危等级 ▶ 浙江省重点保护野生植物；《中国生物多样性红色名录——高等植物卷》评估为易危（VU）。

73 平枝栒子 栒刺木、岩楞子
Cotoneaster horizontalis Dcne.

科名：蔷薇科 Rosaceae
属名：栒子属 *Cotoneaster*

形态特征 落叶或半常绿匍匐灌木，高不达0.5m。枝水平开张成整齐两列状；小枝圆柱形，被脱落性伏毛。叶片近圆形或宽椭圆形，稀倒卵形，长5~14mm，宽4~9mm，先端常急尖，基部楔形，全缘，上面无毛，下面有稀疏平贴柔毛；叶柄长1~3mm，被柔毛；托叶钻形，早落。花1~2朵，顶生或腋生，直径5~7mm；萼筒钟状，外面有稀疏短柔毛，萼片三角形，先端急尖，外面具短柔毛，内面边缘有柔毛；花瓣倒卵形，先端圆钝，长约4mm，宽3mm，粉红色；雄蕊约12枚；花柱2~3枚，离生；子房顶端有柔毛。果实近球形，直径4~6mm，鲜红色。花期5—6月，果期9—10月。

分布与生境 见于西关、龙王峰，生于海拔1400m以上的灌木丛中或岩石坡上。产于临安。分布于华中、西南及陕西、甘肃。

保护价值 中国特有种。全草或根可供药用，具清热化湿、止血止痛的功效。枝密叶小，红果艳丽，适合作园林地被及盆栽、盆景等。

保护与濒危等级 浙江省重点保护野生植物；《中国生物多样性红色名录——高等植物卷》评估为无危（LC）。

74 锐齿臭樱
Maddenia incisoserrata Yu et Ku

科名：蔷薇科 Rosaceae
属名：臭樱属 *Maddenia*

形态特征 落叶灌木，高2~5m。树皮有臭味。老枝紫黑色，近无毛，当年生小枝密被锈色柔毛；冬芽红褐色，长圆形，长可达1.5cm。叶互生；叶片卵状长圆形、长圆形或椭圆形，长4~9cm，宽2~4cm，边缘有缺刻状重锯齿，齿端有小腺体，两面无毛；叶柄长2~4mm，被锈色短柔毛；托叶膜质，黄褐色，线形，长1.5~2.9cm，边缘有腺齿。总状花序生于侧枝顶端，长2~5cm，具多花；花梗短；萼筒钟状，外面密被锈色柔毛；无花瓣；雄蕊30~35枚，雌蕊1枚，心皮无毛，花柱细长，与雄蕊近等长。核果紫黑色，直径约8mm；果梗粗短，长约4mm。花期4—5月，果期6—7月。

分布与生境 见于东关、千亩田、西关，生于海拔1000~1400m的常绿阔叶林中。产于临安、遂昌。分布于安徽、四川、贵州、河南、山西、陕西、甘肃。

保护价值 中国特有种。

保护与濒危等级 《中国生物多样性红色名录——高等植物卷》评估为无危（LC）。

75 鸡麻 双珠母、白棣棠
Rhodotypos scandens (Thunb.) Makino

科名：蔷薇科 Rosaceae

属名：鸡麻属 *Rhodotypos*

形态特征▶ 落叶灌木，高0.5~2m。小枝紫褐色，嫩枝绿色，光滑。叶对生；叶片卵形，长4~11cm，宽3~6cm，顶端渐尖，基部圆形至微心形，边缘有尖锐重锯齿，上面幼时被疏柔毛，后无毛，下面被绢状柔毛，后脱落，仅沿脉被稀疏柔毛；叶柄长2~5mm，被疏柔毛；托叶膜质，狭线形，被疏柔毛，不久脱落。单花顶生于新梢上；花白色，直径3~5cm；萼片4枚，叶状，卵状椭圆形，顶端急尖，边缘有锐锯齿，外面被稀疏绢状柔毛，副萼片，狭线形，明显短于萼片；花瓣4枚，倒卵形，比萼片稍长。核果1~4个，黑色或褐色，斜椭圆形，长约8mm，光滑。花期4—5月，果期6—9月。

分布与生境▶ 见于马峰庵、东关，生于海拔800~1100m的山坡疏林中或山谷林下阴湿处。产于临安、天台。分布于西北、华中、华东及辽宁。

保护价值▶ 根和果入药，具有补血益肾的功效。株形婆娑，叶片清秀美丽，花朵洁白，可供庭院绿化。

保护与濒危等级▶ 浙江省重点保护野生植物；《中国生物多样性红色名录——高等植物卷》未予评估（NE）。

76 钝叶蔷薇 黄山蔷薇
Rosa sertata Rolfe

科名：蔷薇科 Rosaceae
属名：蔷薇属 *Rosa*

形态特征 落叶灌木，高1~2m。小枝圆柱形，无毛，散生皮刺或无刺。奇数羽状复叶，有小叶7~11枚，连叶柄长5~8cm；叶轴有稀疏柔毛、腺毛和小皮刺；托叶大部贴生于叶柄，离生部分耳状，卵形，无毛，边缘有腺毛；小叶片宽椭圆形至卵状椭圆形，长6~25mm，宽7~15mm，先端急尖或圆钝，基部近圆形，边缘有尖锐锯齿，两面近无毛；小叶柄有疏柔毛、腺毛和小皮刺。花单生或3~5朵排成伞房状；花直径2~3.5cm，有时可达6cm；花梗长1.5~3cm，无毛或被疏腺毛；萼片卵状披针形，先端延伸成叶状，全缘，内面被黄白色柔毛；花瓣粉红色或玫瑰色，宽倒卵形，先端微凹，基部楔形，比萼片短；花柱离生，被柔毛，短于雄蕊。果卵球形，熟时深红色，顶端有短颈，长1.2~2cm，直径约1cm。花期5—6月，果期8—10月。

分布与生境 见于千亩田、西关、东关，生于海拔1200~1500m的山坡路旁、沟边、山顶岩石隙缝上或疏林中。产于临安。分布于华东、华中、西北、西南。

保护价值 中国特有种。根可药用，治疗月经不调、痛风、无名肿毒等症。花色艳丽，香气袭人，秋果红艳，是一种观赏价值极高的垂直绿化材料，适用于布置花柱、花架、花廊和墙垣。

保护与濒危等级 浙江省重点保护野生植物；《中国生物多样性红色名录——高等植物卷》评估为无危（LC）。

77 黄山花楸
Sorbus amabilis Cheng ex Yü

科名：蔷薇科 Rosaceae
属名：花楸属 *Sorbus*

形态特征 落叶乔木，高达10m。冬芽大，长卵形，外被数枚暗红褐色鳞片，先端具褐色柔毛。奇数羽状复叶，连叶柄长13~17.5cm，叶柄长2.5~3.5cm；小叶片（4）5~6对，先端渐尖，基部圆形，两侧不等，边缘自基部或1/3以上部分有粗锐锯齿，上面暗绿色，无毛，下面中脉有褐色柔毛，老时几无毛；叶轴幼时被褐色柔毛，老时无毛，上面具浅沟；托叶草质，半圆形，有粗大锯齿，花后脱落。复伞房花序顶生，花序梗和花梗密被褐色柔毛，果期近无毛；萼筒钟状，外面无毛或近无毛，内面仅在花柱着生处丛生柔毛；萼片三角形，先端圆钝，两面无毛；花瓣宽卵形或近圆形，长3~4mm，宽几与长相等，先端圆钝，白色，内面微有柔毛或无毛；雄蕊20枚，短于花瓣；花柱3~4枚，稍短于雄蕊或与之近等长，基部密生柔毛。果实球形，红色，先端具宿存闭合萼片。花期5月，果期9—10月。

分布与生境 见于龙王峰，生于海拔1400~1550m的山顶林中或岩石上。产于临安、龙泉。分布于安徽、福建。

保护价值 中国特有种，分布范围狭小，植株稀少。茎皮及果实入药，果实具健胃补虚的功效，茎皮具清肺止血的功效。春季盛开白色密集的花朵，秋季枝头挂满红色的果实，是美丽珍贵的绿化观赏树种。果实可食及酿酒，也可造纸。材质硬，纹理细，可供建筑用及制作家具等。

保护与濒危等级 《中国生物多样性红色名录——高等植物卷》评估为无危（LC）。

78 湖北紫荆
Cercis glabra Pamp.

科名：豆科 Fabaceae
属名：紫荆属 *Cercis*

形态特征▶ 落叶乔木，高6~16m。树皮和小枝灰黑色。叶厚纸质，心脏形或三角状圆形，长5~12cm，宽4.5~11.5cm，先端钝或急尖，基部浅心形至深心形，幼叶常呈紫红色，上面光亮，下面无毛或基部脉腋间具簇生柔毛；基脉5~7条；叶柄长2~4.5cm。总状花序短，花序轴长0.5~1cm，有花数朵至十余朵；花淡紫红色或粉红色，先于叶或与叶同时开放，长1.3~1.5cm；花梗细长，长1~2.3cm。荚果狭长圆形，紫红色，长9~14cm，宽1.2~1.5cm，翅宽约2mm，先端渐尖，基部圆钝，二缝线不等长，背缝稍长，向外弯拱；果颈长2~3mm。种子扁圆形，长6~7mm，宽5~6mm。花期3~4月，果期9—11月。

分布与生境▶ 见于仙人桥，生于海拔600~1587m的山地疏林或密林中、山谷、路边或岩石上。分布于秦岭以南地区。

保护价值▶ 中国特有种。可作观花观叶观果观杆植物，用于路边绿化。

保护与濒危等级▶ 《中国生物多样性红色名录——高等植物卷》未予评估（NE）。

79 黄檀 不知春
Dalbergia hupeana Hance

科名：豆科 Fabaceae
属名：黄檀属 *Dalbergia*

被子植物
双子叶植物

形态特征 落叶乔木，高10~20m。树皮暗灰色，呈条片状剥落。幼枝绿色，皮孔明显，无毛，老枝灰褐色；冬芽紫褐色，略扁平，顶端圆钝。奇数羽状复叶，有小叶9~11枚；小叶片近革质，长圆形或宽椭圆形，长3~5.5cm，宽1.5~3cm，先端圆钝或微凹，基部圆形或宽楔形，两面被平伏短柔毛或近无毛。圆锥花序顶生或生于近枝顶叶腋，长15~20cm；花序梗近无毛，花梗及花萼被锈色柔毛；花萼钟状，5齿裂；花冠淡紫色或黄白色，具紫色条斑；雄蕊10枚；子房无毛，有1~4颗胚珠。荚果长圆形，长3~9cm，宽13~15mm，扁平，不开裂，有1~3粒种子。种子黑色，近肾形，长约9mm。花期5—6月，果期8—9月。

分布与生境 见于保护区各地，生于海拔1000m以下的山坡、溪沟边、路旁、林缘或疏林中。产于全省各山区、半山区。分布于长江流域及其以南各地。

保护价值 中国特有种。木材坚重致密，可作各种负重力和强拉力的用具及器材。根、叶入药，有清热解毒、止血消肿之功效。发芽迟，树皮奇特，枝叶扶疏，适作风景区、公园、庭院观赏植物。花香，是一种优良的蜜源植物，也可放养紫胶虫。

保护与濒危等级 《中国生物多样性红色名录——高等植物卷》评估为近危（NT）；列入*CITES*附录 II 。

80 野大豆 小落豆、小落豆秧、山黄豆
Glycine soja Sieb. et Zucc.

科名：豆科 Fabaceae
属名：大豆属 *Glycine*

形态特征 一年生缠绕草本，长1~4m。茎细长，全体疏或密被黄色长硬毛。羽状3小叶，托叶卵状披针形，被黄色硬毛；顶生小叶卵形至线形，长3.5~6cm，宽1.5~2.5cm，先端急尖，基部圆形，全缘，两面密被伏毛，侧生小叶斜卵状披针形。总状花序腋生，长2~5cm；花小，长约7mm；花梗密生黄色长硬毛；苞片披针形；花萼钟状，密生长毛，裂片5枚，三角状披针形；花冠淡红紫色或白色，旗瓣近圆形，先端微凹，基部具短瓣柄，翼瓣斜倒卵形，有明显的耳，龙骨瓣较短，密被长毛；花柱短而向一侧弯曲。荚果长圆形，稍弯，两侧稍扁，长17~23mm，宽4~5mm，密被长硬毛，种子间稍缢缩，干时易裂。种子黑色，椭圆形，稍扁，长2.5~4mm，宽1.8~2.5mm。花期6—8月，果期9—10月。

分布与生境 见于石坞口，生于向阳山坡灌丛中或林缘、路边。产于全省各地。分布于华东、华中、华北、西北及东北。朝鲜、日本、俄罗斯也有。

保护价值 全草入药，具有补气血、强壮、利尿等功效；种子入药，具有益肾止汗的功效。全株可作饲料。种子供食用，制作酱、酱油和豆腐等，又可榨油，油粕是优良饲料和肥料。

保护与濒危等级 国家Ⅱ级重点保护野生植物；《中国生物多样性红色名录——高等植物卷》评估为无危（LC）。

81 花榈木 花梨木、臭桶柴
Ormosia henryi Prain

科名：豆科 Fabaceae
属名：红豆属 *Ormosia*

形态特征 常绿小乔木或乔木，高5~15m。树皮青灰色，光滑。幼枝绿色，密被灰黄色茸毛。奇数羽状复叶，有小叶5~9枚，叶轴密被茸毛；小叶片革质，椭圆形或长椭圆状卵形，长6~10cm，宽2~6cm，先端急尖或短渐尖，基部圆或宽楔形，全缘，下面密被灰黄色毡毛状茸毛；小叶柄被茸毛。圆锥花序顶生或腋生；花序梗、花梗及花萼均密被灰黄色茸毛；萼筒短，倒圆锥形，萼齿5枚，卵状三角形，与萼筒近等长；花冠黄白色，旗瓣有瓣柄；雄蕊10枚，分离，凸出；子房边缘具疏长毛，近无柄。荚果木质，长圆形，长7~11cm，宽2~3cm，扁平稍有喙，无毛；有2~7粒种子，种子间横隔明显。种子鲜红色，椭圆形，长8~15mm。花期6—7月，果期10—11月。

分布与生境 产地未知。产于全省山区、半山区，生于山谷、山坡混交林中或林缘。分布于长江流域及其以南各地。越南、泰国也有。

保护价值 心材致密质重，纹理美丽，可作轴承、细木工、家具用材。根、枝、叶入药，具有祛风散结、解毒祛瘀的功效。枝叶繁茂，可供园林绿化或作防火树种。

保护与濒危等级 国家Ⅱ级重点保护野生植物；《中国生物多样性红色名录——高等植物卷》评估为易危（VU）。

82 山绿豆 贼小豆
Vigna minima (Roxb.) Ohwi et H. Ohashi

科名：豆科 Fabaceae
属名：豇豆属 *Vigna*

形态特征 一年生缠绕草本，长达3m。茎纤细，无毛或被疏毛。羽状3小叶；托叶披针形，盾状着生，被疏硬毛；叶形状变化大，卵形、卵状披针形、披针形或线形，长2~8cm，宽0.4~3cm，先端急尖或钝，基部圆形或宽楔形，两面近无毛或被极稀疏的糙伏毛。总状花序腋生，花序梗远长于叶柄，通常有花3~4朵；小苞片线形或线状披针形；花萼钟状，长约3mm，具不等大的5枚齿，裂齿被硬缘毛；花冠黄色，旗瓣极外弯，近圆形，长约1cm，宽约8mm；龙骨瓣具长而尖的耳。荚果圆柱形，长3~5.5cm，宽4mm，无毛，开裂后旋卷；种子10余粒，长圆形，长约4mm，宽约2mm，褐红色。花期8—9月，果期10—11月。

分布与生境 见于石坞口，生于山坡草丛中及溪边。产于杭州、临海。分布于华东、华南、西南及辽宁、河北、山西、湖南。印度、日本、菲律宾也有。

保护价值 豇豆属遗传育种的重要种质资源。种子入药，具行气止痛的功效。

保护与濒危等级 浙江省重点保护野生植物；《中国生物多样性红色名录——高等植物卷》评估为无危（LC）。

83 朵花椒 鼓钉皮、朵椒
Zanthoxylum molle Rehder

科名：芸香科 Rutaceae
属名：花椒属 *Zanthoxylum*

形态特征 落叶乔木，高4~10m。树皮灰褐色；树干上有鼓钉状皮刺。幼枝红褐色；髓部中空。奇数羽状复叶互生，长30~80cm，有小叶7~9枚，稀可达19枚；叶轴、叶柄均呈紫红色，初时被短柔毛；叶柄长10~15cm；小叶片宽卵形至卵状长圆形，长8~14cm，宽3.5~6.5cm，先端短骤尖，基部宽楔形至微心形，全缘或在中部以上有细圆齿，齿缝有油点，边缘稍向下反卷，上面散生不明显油点，下面密被毡状茸毛，侧脉12~18对。大型伞房状圆锥花序顶生；花序梗被短柔毛和短刺；花单性；萼片5枚，被短睫毛；花瓣白色，5枚，长2.5mm，与萼片两者先端均有1粒透明油点；雄花有雄蕊5枚，药隔顶端有1粒深色油点；雌花有心皮5枚，花柱短，柱头头状。蓇葖果紫红色，具细小明显的腺点；果梗紫红色。花期7—8月，果期9—10月。

分布与生境 见于石坞口至马峰庵电站，生于海拔400~700m的山坡、沟谷林中。产于杭州、衢州、台州、丽水、温州及诸暨。分布于安徽、江西、湖南、贵州、河南、云南。

保护价值 中国特有种。果、叶、根、树皮可供药用，具有散寒健胃、利尿的功效。叶及果可作香精和香料。干旱、半干旱山区重要的水土保持树种。

保护与濒危等级 《中国生物多样性红色名录——高等植物卷》评估为易危（VU）。

84 **大果冬青** 白银杏、绿豆青
Ilex macrocarpa Oliv.

科名：冬青科 Aquifoliaceae
属名：冬青属 *Ilex*

形态特征 落叶乔木，高达15m。小枝有长、短枝之分，具明显皮孔，无毛。叶互生；叶片纸质至坚纸质，卵形、卵状椭圆形，稀长圆状椭圆形，长5~15cm，宽3~7cm，先端渐尖，基部圆形或宽楔形，边缘具细锯齿，中脉在上面凹入，有毛，网脉两面凸起，无毛或幼时有微毛；叶柄长5~15mm，上面具狭沟，被柔毛。雄花单生或2~5朵成聚伞花序，生于小枝叶腋；花白色，直径约7mm；雌花单生于叶腋；花白色，直径10~12mm；柱头头状。果球形，直径1.2~2cm，熟时黑色，具宿存花柱，果梗长1.2~3.3cm；分核7~8粒，椭圆形，长达7mm，两侧压扁。花期4—5月，果期10—11月。

分布与生境 见于龙王山电站至马峰庵沟谷，生于海拔400~800m的山坡林中。产于西湖、临安、德清。分布于秦岭以南各地山区。

保护价值 中国特有种。根可药用，用于治疗眼翳。树体高大，叶形优美，花色淡白，气味清香，果大而如星星点缀，令人赏心悦目，且抗逆性强，可供园林绿化与美化，适合作为庭荫树、行道树等。

保护与濒危等级 《中国生物多样性红色名录——高等植物卷》评估为无危（LC）。

85 福建假卫矛
Microtropis fokienensis Dunn

科名：卫矛科 Celastraceae
属名：假卫矛属 *Microtropis*

形态特征 常绿灌木，高1.5~4m。小枝无毛，四棱形。叶对生；叶片近革质，倒卵状披针形或倒卵状椭圆形，长4~8cm，宽1.5~3cm，先端窄急尖或近渐尖，基部楔形，全缘，稍反卷，中脉凸起，侧脉4~5对，网脉不明显；叶柄长2~8mm。密伞花序短小，长约1.5cm，簇生、腋生或侧生，偶顶生，花梗极短或无，通常具3~9朵花；花黄绿色；花瓣5枚，倒卵状长椭圆形；花柱明显，柱头4裂。蒴果椭

圆形或倒卵状椭圆形，长1~1.4cm，2瓣裂。种子红棕色，平滑。花期7月，果期10—11月。

分布与生境 见于仙人桥，生于山坡林中。产于丽水、温州及临安、开化。分布于安徽、江西、福建、湖南、台湾。

保护价值 中国特有种。假卫矛属为热带亚洲和热带美洲间断分布，对研究植物区系具有科学意义。枝、叶可入药，具有消肿散瘀、接骨的功效，对治疗风湿骨痛、跌打损伤有奇效。叶片深绿，冬季不枯，可作绿化观赏植物。

保护与濒危等级 《中国生物多样性红色名录——高等植物卷》评估为无危（LC）。

86 膀胱果
Staphylea holocarpa Hemsl.

科名：省沽油科 Staphyleaceae

属名：省沽油属 *Staphylea*

形态特征 落叶灌木或小乔木，高达5m。小枝平滑，无毛。奇数羽状复叶互生，具3枚小叶；小叶片纸质，长圆状披针形至狭卵形，长5~10cm，宽2.5~5.5cm，先端急尖至渐尖，基部钝，边缘有细锯齿，上面淡绿色，下面绿白色；侧生小叶近无柄，顶生小叶具长柄，柄长2~4cm。花序为顶生的伞房花序，长约7cm，具花序梗；花常白色，叶后开放；萼片长约1cm，花瓣比萼片稍长；雄蕊与花瓣近等长；子房有毛。蒴果膀胱状，3裂，长4~5cm，宽2.5~3cm，基部狭，顶端截平。种子近椭圆形，灰色，有光泽。花期4—5月，果期6—8月。

分布与生境 见于石坞口、马峰庵、小西囡湾，生于海拔900~1200m的山谷落叶林中。产于临安、淳安、衢江、常山。分布于黄河流域及其以南各地。

保护价值 中国特有种。花色洁白，果形奇特，是一种优美的园林树种。果实和根供药用，具有润肺止咳、祛风除湿的功效。种子榨油，供制肥皂、油漆等。

保护与濒危等级 浙江省重点保护野生植物；《中国生物多样性红色名录——高等植物卷》评估为无危（LC）；浙江省极小种群物种。

瘿椒树 银雀树
Tapiscia sinensis Oliv.

科名：省沽油科 Staphyleaceae
属名：瘿椒树属 *Tapiscia*

形态特征 落叶乔木，高达15m。树皮灰黑色或灰白色；小枝无毛。奇数羽状复叶互生，长16~30cm，具小叶5~9枚；小叶片卵形至长圆状卵形，长5~13cm，宽3.5~6cm，基部圆形或近心形，边缘具粗锯齿，两面无毛或被极稀疏刺毛，上面绿色，下面灰白色，密被近乳头状白粉点；侧生小叶柄短，顶生小叶柄长达6cm。圆锥花序腋生；雄花与两性花异株，雄花序长达25cm，两性花的花序长约10cm；花小，长约2mm，黄色，有香气；花萼钟状，长约1mm；花瓣倒卵形，长于花萼。核果近球形或椭圆形，直径5~6mm。花期6—7月，果期次年9—10月。

分布与生境 见于石坞口、虎皮岩，生于海拔500~1200m的山谷坡地溪边林中。产于杭州、丽水、温州。分布于长江流域及其以南各地。

保护价值 中国特有植物，第三纪孑遗种，起源古老，在研究植物区系与系统发育方面具有重要的价值。树姿美观，花序大且花香，大型羽状复叶秋后变黄，极为美观，是优良的园林绿化观赏树种。生长较快，主干发达，纹理直、结构细、软硬适度，是建筑、家具、胶合板、火柴杆及造纸等的优良用材。

保护与濒危等级 《中国生物多样性红色名录——高等植物卷》评估为无危（LC）。

88 锐角槭 锐角枫
Acer acutum W. P. Fang

科名：槭树科 Aceraceae
属名：槭属 *Acer*

形态特征 落叶乔木，高10~15m。树皮褐色或灰褐色，平滑或微有纵裂纹。小枝圆柱形，无毛，具皮孔。叶对生；叶片纸质，长9~15cm，宽9~20cm，基部心形或近于心形，5或7裂，稀3裂，上面深绿色，下面淡绿色或黄绿色，嫩时被短柔毛，叶脉上更密，老时仅沿叶脉被长柔毛；叶柄长4~12cm，顶端微被短柔毛，老时脱落。伞房花序顶生，花序梗长3~5mm；杂性，雄花与两性花同株；萼片5枚，边缘具纤毛，外侧微被疏柔毛；花瓣5枚，黄绿色，无毛。翅果长3~3.5cm，小坚果压扁状，无毛，两翅张开成锐角或近直角。花期4月，果期10月。

分布与生境 见于西关、千亩田，生于海拔1000~1400m的沟谷或山坡林中。产于临安、淳安、天台。分布于安徽、河南、江西。

保护价值 中国特有种。槭属育种种质资源。树干挺拔，姿态婆娑，清新宜人，叶片经秋变色，色彩斑斓，富有季相变化，是园林植物造景中不可缺少的材料。

保护与濒危等级 《中国生物多样性红色名录——高等植物卷》评估为无危（LC）；浙江省极小种群物种。

89 阔叶槭

Acer amplum Rehder

科名：槭树科 Aceraceae
属名：槭属 *Acer*

形态特征 落叶乔木，高达20m。树皮平滑，黄褐色或深褐色。小枝圆柱形，无毛，具黄色皮孔。叶对生；叶片纸质，长9~16cm，宽10~18cm，基部微心形或截形，常5裂，稀3裂或不分裂，上面深绿色或黄绿色，下面淡绿色，除脉腋有黄色丛毛外，其余部分无毛；叶柄圆柱形，长6~10cm，无毛或嫩时近顶端部分稍有短柔毛。伞房花序顶生，花序梗短，长2~4mm；花杂性，雄花与两性花同株；萼片5枚，淡绿色，无毛，钝形，长5mm；花瓣5枚，白色，倒卵形或长圆倒卵形。翅果长3.5~4.5cm，嫩时紫色，成熟时黄褐色，小坚果压扁状，无毛，两翅张开成钝角。花期4月，果期9—11月。

分布与生境 见于东关、西关、千亩田，生于海拔900~1300m的溪边路旁、山谷或山坡林中。产于杭州、衢州、丽水及婺城、东阳、天台。分布于华东、华中、西南、华南。

保护价值 中国特有种。槭属育种种质资源。观赏树种，可作观叶、观果、观形植物，是园林造景中观秋叶和观果的重要种类，是培育新优观赏树种的优良材料。

保护与濒危等级 《中国生物多样性红色名录——高等植物卷》评估为近危（NT）。

90 长裂葛萝槭

Acer grosser Pax var. *hersii* (Rehder) Rehder

科名：槭树科 Aceraceae

属名：槭属 *Acer*

形态特征 落叶乔木，高达15m。树皮光滑，灰色。小枝无毛，当年生枝绿色或紫绿色，多年生枝绿色。叶对生；叶片纸质，卵形，长7~10cm，宽5~8cm，边缘具密而尖锐的重锯齿，基部微心形，3裂，稀5裂，中裂片先端短尾尖，侧裂片先端锐尖，上面深绿色，无毛，下面淡绿色，嫩时在叶脉基部被有淡黄色丛毛，渐老则脱落；叶柄长2~3cm，无毛。总状花序顶生，细长，下垂；花淡黄绿色，单性，雌雄异株；萼片5枚，长卵圆形，长约3mm；花瓣5枚，倒卵形，长3mm。翅果长2.5~2.9cm，嫩时淡紫色，成熟后黄褐色，小坚果略微扁平，两翅张开成钝角或近于水平。花期4月，果期10月。

分布与生境 见于龙王峰、西关、千亩田、千亩峰、三道岭、弥方岗等地，生于海拔1000~1550m的山坡、山顶林中。产于临安、天台。分布于华中、西北、华北及安徽。

保护价值 中国特有种。槭属育种种质资源。树形优美，树皮绿色具纵纹，秋叶变黄，是城市园林绿化的优良树种。

保护与濒危等级 《中国生物多样性红色名录——高等植物卷》未予评估（NE）。

91 临安槭
Acer linganense W. P. Fang et P. L. Chiu

科名：槭树科 Aceraceae
属名：槭属 *Acer*

形态特征 落叶小乔木，高2~7m。树皮平滑，深褐色。小枝圆柱形，淡紫绿色，无毛，当年生和二年生枝常被蜡质白粉。叶对生；叶片纸质，近于圆形，直径5~8cm，基部深心形，7~9裂，通常9裂，中裂至深裂，裂片长圆形，先端锐尖，边缘具紧贴的锐锯齿，两面绿色，脉腋被黄色丛毛；叶柄长2.5~5cm，淡紫绿色，无毛。伞房花序顶生，具8~20枚花，花梗长4~8mm。花杂性，雄花与两性花同株；萼片5枚，长卵圆形，淡紫绿色，具毛；花瓣5枚，阔卵形，淡黄白色。翅果长2~2.4cm，嫩时淡紫色，成熟后淡黄色，小坚果凸起，脉纹显著隆起，两翅张开成锐角至钝角。花期4—5月，果期10月。

分布与生境 见于仙人桥至东关，生于海拔900~1350m的山坡、谷地、溪边林中。产于临安、淳安、开化、天台、遂昌。分布于安徽。

保护价值 浙皖特有种。槭属育种种质资源。树形优美，优良的秋色叶树，枝叶秀丽，叶片入秋转红，如火焰般灿烂，果翅成熟前红色，适作公园、庭院绿化观赏植物。

保护与濒危等级《中国生物多样性红色名录——高等植物卷》评估为易危（VU）。

92 毛果槭
Acer nikoense Maxim.

科名：槭树科 Aceraceae
属名：槭属 *Acer*

形态特征▶ 落叶乔木，高达15m。树皮灰褐色或深灰色，粗糙。小枝圆柱形，当年生枝密被柔毛，多年生枝近无毛，皮孔显著。羽状复叶对生，具3枚小叶；小叶片厚纸质，长椭圆形或长圆状披针形，长7~12cm，宽2.5~5.5cm，先端锐尖或短锐尖，边缘具疏钝锯齿，顶生小叶的基部楔形或钝形，具0.4~1.2cm长的叶柄，侧生小叶基部斜形，近无柄，上面绿色，除叶脉被柔毛外其余无毛，下面灰绿色，被长柔毛；叶柄长3~5cm，密被灰色长柔毛。聚伞花序顶生，具3~5枚花；花杂性，雄花与两性花异株；萼片5枚，倒卵形，黄绿色；花瓣5枚，长倒卵形。翅果长4~5cm，黄褐色，小坚果凸起，近于球形，密被短柔毛，两翅张开成近直角或钝角。花期4月，果期10月。

分布与生境▶ 见于龙王峰、西关，生于海拔1000~1500m的山坡、山顶阔叶林中或路边。产于临安。分布于安徽、江西、湖北。日本也有。

保护价值▶ 中国和日本间断分布种，对植物区系、系统发育等研究具有重要价值。色叶树种，叶入秋变红，树冠圆球形，枝叶秀丽，适作行道树及风景区、公园、庭院绿化观赏树种。叶提取物具抗肿瘤的功效。

保护与濒危等级▶ 《中国生物多样性红色名录——高等植物卷》评估为近危（NT）。

93 鸡爪槭
Acer palmatum Thunb.

科名：槭树科 Aceraceae

属名：槭属 *Acer*

形态特征 落叶小乔木，高达7m。树皮深灰色。小枝细瘦，当年生枝紫色或淡紫绿色，多年生枝淡灰紫色或深紫色。叶对生；叶片纸质，圆形，直径7~10cm，基部心形或微心形，5~9掌状分裂，通常7裂，浅裂至中裂，上面深绿色，无毛，下面淡绿色，脉腋有白色丛毛；叶柄长4~6cm，无毛。伞房花序顶生，无毛，花序梗长3~4cm；花杂性，雄花与两性花同株；萼片5枚，卵状披针形，红紫色；花瓣5枚，椭圆形或倒卵形，微带淡红色。翅果长2~2.5cm，嫩时紫红色，成熟时淡棕黄色，小坚果球形，两翅张开成钝角。花期5月，果期9月。

分布与生境 见于仙人桥至东关，生于海拔900~1200m的林边或疏林中。产于临安、开化、瑞安。分布于华东、华中及贵州。日本也有。

保护价值 中国和日本间断分布种，对植物区系、系统发育等研究具有重要价值。槭属育种种质资源，经培育，现已有200余个品种。枝、叶入药，具有行气止痛、解毒消痈的功效。树姿美观，叶色富于季相变化，果序下垂，嫩时紫红色，色彩艳丽，是园林中常用的观赏树种。

保护与濒危等级 《中国生物多样性红色名录——高等植物卷》评估为易危（VU）。

94 毛鸡爪槭
Acer pubipalmatum W. P. Fang

科名：槭树科 Aceraceae

属名：槭属 *Acer*

形态特征 落叶乔木，高10~15m。树皮灰色或深灰色，粗糙，微纵裂。小枝细瘦，当年生枝绿色或紫绿色，被白色茸毛，多年生枝灰绿色或灰褐色，近于无毛。叶对生；叶片膜质，长4~5.5cm，宽5~7.5cm，基部截形或微心形，5深裂，稀7深裂，裂片披针形，边缘具锐尖重锯齿，上面深绿色，嫩时微被短柔毛，渐老即脱落，下面淡绿色，嫩时密被白色长柔毛；叶柄长2~4cm，嫩时密被长柔毛，渐老陆续脱落。伞房花序顶生，有毛，花序梗长2~3cm；花紫色，杂性，雄花与两性花同株；萼片5枚，卵形或长卵圆形，紫色，具毛；花瓣5枚，阔卵形，淡黄色。翅果长1.6~2cm，紫褐色，小坚果凸起，近于球形，两翅张开成钝角。花期4月，果期10月。

分布与生境 见于仙人桥至东关，生于海拔900~1300m的山坡、谷地落叶阔叶林中。产于临安、淳安、天台。分布于安徽。

保护价值 浙皖特有种。槭属育种种质资源。叶片分裂较细，入秋转红，如火焰般灿烂，为优良的秋色叶树，果翅成熟前红色，适作园林观赏树种。

保护与濒危等级 《中国生物多样性红色名录——高等植物卷》未予评估（NE）。

95 天目槭 天目枫
Acer sinopurpurascens W. C. Cheng

科名：槭树科 Aceraceae
属名：槭属 *Acer*

形态特征 落叶乔木，高达10m。树皮灰色，平滑。小枝圆柱形，当年生枝紫褐色，嫩时微被短柔毛，多年生枝灰色或灰褐色，具卵形皮孔。叶对生；叶片纸质，近圆形，长5~9cm，宽8~10cm，基部微心形，3或5中裂，裂片边缘具稀疏钝锯齿、全缘或波状，上面深绿色，下面淡绿色，嫩时两面都被短柔毛，老时脱落，仅脉腋被丛毛；叶柄长2~8cm，嫩时被短柔毛，老时近于无毛。总状花序或伞房总

状花序侧生于去年生小枝上，先叶开放；花紫色，单性，雌雄异株；萼片5枚，倒卵形；花瓣5枚，长卵圆形。翅果长3~3.5cm，脉纹显著，隆起，具短柔毛，小坚果黄褐色，凸起，两翅张开成近直角。花期4月，果期10月。

分布与生境 见于龙王峰、西关、千亩田，生于海拔1000~1400m的山坡、溪边较湿润的林中。产于临安、淳安、泰顺、奉化、天台、临海、缙云、景宁。分布于安徽、江西、湖北。

保护价值 中国特有种。树形高大，叶片大型，入秋经霜后转红，果翅成熟前红色，适作公园、庭院绿化观赏树种。

保护与濒危等级 浙江省重点保护野生植物；《中国生物多样性红色名录——高等植物卷》评估为无危（LC）；浙江省极小种群物种。

96 细花泡花树
Meliosma parviflora Lecomte

科名：清风藤科 Sabiaceae
属名：泡花树属 *Meliosma*

形态特征 落叶灌木或小乔木，高达10m。树皮灰褐色，初始平滑，后片状脱落；小枝被褐色疏柔毛。叶互生；叶片纸质，倒卵形，长6~10cm，宽3~7cm，先端圆或近截平，具短急尖，基部下延，边缘除基部外有波状浅齿，叶面深绿色，有光泽，叶背被稀疏柔毛，侧脉腋具髯毛，侧脉8~12对；叶柄长5~15mm。圆锥花序顶生，长19~35cm，被柔毛，主轴圆柱形，稍曲折；花小，白色，密集生于小分枝上；萼片5枚，具缘毛；花瓣外面3枚，内面2枚，无毛。核果球形，直径4.5~5mm，成熟时红色。花期5—6月，果期9—10月。

分布与生境 见于龙王山电站至马峰庵沟谷，生于海拔700m以下的溪边林中。产于余杭、临安、天台。分布于江苏、湖北、四川、西藏、河南。

保护价值 中国特有种。叶形奇特，大型花序白色，秋果红色美丽，似满树尽挂"红珊瑚"，是一种观果树种，可用于园林绿化。木材坚实而重，可供制作车轴、斧柄，亦为优良家具用材。

保护与濒危等级 浙江省重点保护野生植物；《中国生物多样性红色名录——高等植物卷》评估为无危（LC）。

97 艺林凤仙花

Impatiens yilingiana X. F. Jin,
S. Z. Yang et L. Qian

科名：凤仙花科 Balsaminaceae
属名：凤仙花属 *Impatiens*

形态特征 一年生草本，高40~100cm。茎肉质，直立，无毛，上部多分枝，下部节膨大。叶互生；叶片卵形、卵状椭圆形或长圆形，长1.5~5.5cm，宽1~3cm，先端钝，基部楔形或圆形，边缘有钝锯齿，齿端具小尖，上面暗绿色，下面浅绿色，两面无毛，侧脉5~6对，不明显；叶柄长0.5~2.5cm。总状花序顶部腋生，具2~3枚花，稀1枚花，花序梗长1~2cm；苞片1枚，线形，绿色，宿存；花黄色；萼片3枚，侧生萼片2枚，绿色；旗瓣圆形，先端微凹，背面具龙骨状凸起，顶端具喙；翼瓣2裂，下部先端圆钝；唇瓣宽漏斗状；花丝线形；花药卵球形，顶端尖；子房纺锤形。蒴果圆柱形，顶端具喙。种子椭圆形，棕色。花果期7—10月。

分布与生境 见于东关、千亩田，生于海拔1100~1400m的路边林下阴湿处。产于临安。

保护价值 天目山山脉特有种，仅分布于天目山和龙王山，对研究凤仙花属的区系和系统发育具有一定的价值。花色若金，花形如鹤顶，姿态优美，妩媚悦人，是美化花坛、花境的优良物种，可丛植、群植和盆栽。

保护与濒危等级《中国生物多样性红色名录——高等植物卷》未予评估（NE）。

98 腋毛勾儿茶
Berchemia barbigera C. Y. Wu ex Y. L. Chen

科名：鼠李科 Rhamnaceae

属名：勾儿茶属 *Berchemia*

形态特征 藤状灌木。小枝红褐色，平滑无毛。叶互生；叶片薄纸质，卵状椭圆形或卵状长圆形，长4~9cm，宽2.5~5.5cm，先端钝或圆形，基部圆形或微心形；上面绿色，无毛，下面灰绿色，仅脉腋有灰白色细柔毛，侧脉9~13对；叶柄细，长1~2.5cm。窄聚伞圆锥花序生于侧枝顶端，花序轴无毛，花梗长2~3mm；花黄绿色，无毛。核果圆柱形，长5~8mm，直径约3mm，成熟时红色，后变黑色，基部宿存盘状花盘，果梗长约3mm，无毛。花期6—8月，果期次年5—6月。

分布与生境 见于龙王峰，生于海拔1000m以上的山地灌丛中。产于临安。分布于安徽。

保护价值 浙皖特有种，省内仅分布于天目山山脉，资源稀少。大型藤本，是断面、边坡复绿植物；入秋果实红、黑相间，适作公园、庭院石景点缀美化植物。

保护与濒危等级 《中国生物多样性红色名录——高等植物卷》评估为濒危（EN）。

99 脱毛大叶勾儿茶

Berchemia huana Rehder var. *glabrescens* W. C. Cheng ex Y. L. Chen et P. K. Chou

科名：鼠李科 Rhamnaceae
属名：勾儿茶属 *Berchemia*

被子植物 双子叶植物

形态特征 藤状灌木，长达10m。小枝光滑无毛，绿色。叶互生；叶片纸质，卵形或卵状长圆形，长6~10cm，宽3~6cm，先端圆形或稍钝，稀锐尖，基部圆形或近心形，上面绿色，无毛，下面黄绿色，仅沿脉或侧脉下部疏被短柔毛，侧脉10~14对，两面稍凸起；叶柄粗壮，长1.4~2.5cm，无毛。聚伞总状圆锥花序生于枝顶和腋生，长5~15cm，密被短柔毛；花黄绿色，无毛。核果圆柱状椭圆形，长7~9mm，直径4mm，熟时紫红色或紫黑色，基部宿存的花盘盘状。花期7—9月，果期次年5—6月。

分布与生境 见于马峰庵，生于海拔700~900m的溪边灌丛中。产于建德、临安、淳安。分布于安徽。

保护价值 浙皖特有种。大型藤本，是断面、边坡复绿植物；入秋果实红、黑相间，适作公园、庭院石景点缀美化植物。叶可提取色素，作为生物染色剂和工业染色原料。

保护与濒危等级 《中国生物多样性红色名录——高等植物卷》评估为无危（LC）。

100 南京椴 小叶韧皮树
Tilia miqueliana Maxim.

科名：椴树科 Tiliaceae

属名：椴树属 *Tilia*

形态特征 落叶乔木，高15m。树皮灰白色。小枝密被灰白色至灰褐色星状茸毛。叶互生；叶片三角状卵形、卵形至卵圆形，长5.5~11cm，宽4~10cm，先端急短尖，基部心形或截形，偏斜，边缘有整齐尖锯齿，上面暗绿色，无毛，下面灰绿色，密被交织的灰色至灰褐色星状茸毛，脉腋无簇毛；叶柄长2.5~6cm，有星状毛。聚伞花序长7~8cm，下垂，有花10~20朵；花序梗与苞片近中部结合，有星状毛，花淡黄色；雄蕊多数，退化雄蕊花瓣状。果实核果状，球形或椭圆形，无棱或仅在基部具5条棱，被星状柔毛，有小凸起，成熟时不开裂。花期6—7月，果期8—10月。

分布与生境 见于马峰庵至西关，生于海拔800~1400m的山谷坡地林中。产于杭州、台州、宁波。分布于江苏、安徽、江西、广东。日本也有。

保护价值 东亚特有种。树形美观，树姿清幽，姿态雄伟，是一种优良的观赏植物。木材纹理致密，材质轻软，富有弹性，可作建筑、家具、农具、胶合板等用材。韧皮纤维发达，出麻率可达39.6%，可供制人造棉、绳索及编织用，更是优良的造纸原料。其与佛教颇有渊源，许多寺庙周边常栽植，其果核可制作佛珠。花及树皮均可入药，花有镇静、发汗、镇痉、解热之功效，树皮主要用于治疗劳伤失力初起、久咳等症状。

保护与濒危等级 《中国生物多样性红色名录——高等植物卷》评估为易危（VU）。

101 对萼猕猴桃 镊合猕猴桃
Actinidia valvata Dunn

科名：猕猴桃科 Actinidiaceae
属名：猕猴桃属 *Actinidia*

形态特征 落叶藤本，长达6m。小枝淡绿色，无毛或有微柔毛，老枝紫褐色，皮孔较显著；髓白色，实心，有时片层状。叶互生；叶片纸质或膜质，长卵形至椭圆形，长3.5~10cm，宽3~6cm，先端短渐尖或渐尖，基部楔形至截圆形，稀下延，两侧稍不对称，边缘有细锯齿，上面绿色，下面稍淡，有时上部或全部变淡黄色斑块，两面均无毛；叶柄淡红色，无毛。花序具2~3枚花或单生；花白色，芳香；花瓣5~9枚；花丝丝状，长约5mm，花药橙黄色，条状矩圆形；子房瓶状，无毛。果卵球形或长圆状圆柱形，成熟时黄色或橘红色，无斑点，顶端有尖喙，基部有反折的宿存萼片。花期5月，果期10月。

分布与生境 见于马峰庵，生于海拔700~900m的山沟边、岩隙旁或林下灌丛。产于临安、余姚、磐安、龙游、江山、庆元。分布于华东、华中。

保护价值 中国特有种。猕猴桃科育种种质资源。枝叶繁茂，叶形奇特，花大、美丽而芳香，适作园林绿化美化植物。根可供药用，有散瘀化结之效。

保护与濒危等级 《中国生物多样性红色名录——高等植物卷》评估为近危（NT）。

102 红淡比 杨桐
Cleyera japonica Thunb.

科名：山茶科 Theaceae
属名：红淡比属 *Cleyera*

形态特征 ▶ 常绿小乔木，高达9m。树皮平滑，灰褐色或灰白色。小枝具2条棱或萌芽枝无棱，顶芽显著。叶两列状互生；叶片革质，形态多变，常椭圆形或倒卵形，长5~11cm，宽2~5cm，先端渐尖或短渐尖，基部楔形，全缘，上面深绿色，有光泽，下面淡绿色，无腺点，中脉在上面平贴或少有略下凹，下面隆起，侧脉两面稍明显；叶柄长0.5~1cm。花两性，单生或2~3朵生于叶腋；萼片5枚，圆形，边缘有纤毛；花瓣5枚，白色；雄蕊约25枚。浆果球形，直径7~9mm，成熟时黑色。花期6—7月，果期9—10月。

分布与生境 ▶ 见于石坞口，生于海拔600m以下的山坡或溪边林下。产于全省山区、半山区。分布于长江流域及其以南大多数省份。印度、日本、缅甸、尼泊尔、朝鲜也有。

保护价值 ▶ 叶色浓绿光亮，适作风景区、庭院、公园美化观赏植物及工矿区绿化植物。枝、叶经加工后出口日本，供拜祭用。

保护与濒危等级 ▶ 浙江省重点保护野生植物；《中国生物多样性红色名录——高等植物卷》评估为无危（LC）。

103 圆叶堇菜 圆叶小堇菜
Viola striatella H. Boissieu

科名：堇菜科 Violaceae
属名：堇菜属 *Viola*

形态特征 多年生草本，高5~12cm。全体无毛。无地上茎及匍匐枝，根状茎垂直或稍斜生。叶基生；叶片圆形或心形，长1.4~2.5cm，宽1.4~2cm，先端圆钝，基部心形或肾形，边缘具细锯齿，两面无毛，上面深绿色，下面淡绿色或微呈淡紫色；叶柄纤细，长2.5~5.5cm；托叶干膜质，基部与叶柄合生，边缘疏生腺状齿，上部的托叶稀具流苏状齿缘。花两性，单生于叶腋；花梗纤细，高出于叶，

在中部以下具2枚小苞片；萼片披针形，先端钝；花瓣蓝紫色，侧瓣内面基部具须毛，下瓣具短距，距长约3mm；子房圆锥形，花柱基部稍膝曲，柱头扁平，前方具明显的短喙。果长圆形，长5~7mm。花期5—7月。

分布与生境 见于龙王峰、老虎岩、东关，生于海拔1000m以上的山坡草地或潮湿岩石上。产于临安。分布于长江流域及其以北地区。

保护价值 中国特有种。开花早、花色艳、花形美，具有观赏价值。全草供药用，有清热解毒的功效，可治节疮、肿毒等症。

保护与濒危等级 《中国生物多样性红色名录——高等植物卷》评估为无危（LC）。

104 秋海棠 八香、无名断肠草、无名相思草
Begonia grandis Dryand.

科名：秋海棠科 Begoniaceae
属名：秋海棠属 *Begonia*

形态特征 多年生草本，高0.6~1m。具球形的块茎。地上茎直立，多分枝，无毛。叶互生，腋间常生珠芽；叶片宽卵形，长8~25cm，宽6~20cm，先端短渐尖，基部偏心形，边缘尖波状，具细尖齿，上面绿色，下面叶脉及叶柄均带紫色；叶柄长5~15cm；托叶膜质，椭圆状披针形。伞状花序生于上部叶腋，具多花；花淡红色，雄花直径2.5~3cm，花被片4枚，外轮2枚较大，雄蕊多数，花丝下半部合生成长约3mm的雄蕊柱；雌花稍小，花被片5枚或较少。蒴果长1.5~3cm，具3枚翅，其中1枚翅较大，椭圆状三角形。花期8—9月，果期10月。

分布与生境 见于马峰庵电站下，生于山地林下阴湿处。产于杭州、温州、丽水及开化、天台。分布于黄河流域及其以南各地。日本、爪哇、马来西亚、印度也有。

保护价值 本种是秋海棠科分布最北、抗寒性最强、分布范围最广的种类之一，具有较高的科研价值。叶形奇特，花色艳丽，具有较高的观赏价值。块茎可供药用，有活血散瘀、止血止痛、清热解毒之效。

保护与濒危等级 浙江省重点保护野生植物；《中国生物多样性红色名录——高等植物卷》评估为无危（LC）。

105 倒卵叶瑞香 天目瑞香、杂兰

Daphne grueningiana H. Winkler

科名：瑞香科 Thymelaeceae

属名：瑞香属 *Daphne*

形态特征 常绿灌木，高0.4~1.5m。小枝稍粗壮，幼时微被短茸毛，不久即无毛，老时树皮淡灰褐色或灰白色。叶互生，常簇生于顶枝；叶片皮革质，倒卵状披针形或倒卵状椭圆形，长6~11cm，宽2.1~3.2cm，先端圆或钝圆而微凹，基部渐狭成楔形，全缘，微反卷，两面无毛或几无毛，中脉下面隆起；叶柄短。头状花序顶生，由8~10朵花组成；花序梗和花梗均被短硬毛；苞片5~7枚，卵状长椭圆形；花萼管状，淡紫色或紫红色，长1.1~1.5cm；雄蕊8枚，排成2轮；花丝长1mm，花药长圆形；花盘环状。果卵圆形，成熟时红色。花期3—4月，果期6—7月。

分布与生境 见于西关，生于海拔900~1300m的沟边、山坡林下。产于临安、淳安、开化、磐安。分布于安徽。

保护价值 浙皖特有种。根、茎、叶、花都可以入药，具有清热解毒、消炎去肿、活血化瘀等功效；植株清秀，花色艳丽，具芳香，可供园林观赏。

保护与濒危等级 浙江省重点保护野生植物；《中国生物多样性红色名录——高等植物卷》评估为无危（LC）；浙江省极小种群物种。

106 **光叶荛花** 光洁荛花、山荆
Wikstroemia glabra W. C. Cheng

科名：瑞香科 Thymelaeceae
属名：荛花属 *Wikstroemia*

形态特征 落叶灌木，高1.5m。小枝具纵棱，绿色，无毛；老枝黑紫色，常具明显的黄白色纵向裂纹。叶互生；叶片膜质，卵形、宽卵形、椭圆形或长椭圆形，长2~4.5cm，宽1~2.5cm，先端钝或短渐尖，有时微凹，基部楔形，圆形或截形，全缘，上面绿色，无毛，下面幼时密被长柔毛，以后变无毛，侧脉5~10对；叶柄长约2mm。花通常2~6朵组成顶生的头状花序；花序梗细瘦，长5~12mm，无毛；花萼管状，长约1cm，白色至淡紫色，裂片4枚，卵形；雄蕊8枚，排成2列；子房无柄，花盘具1~3枚鳞片。果近球形，成熟时白色。花期5月，果期8—9月。

分布与生境 见于马峰庵，生于海拔700m以上的山脊林下或山坡灌丛中。产于临安。分布于安徽、江西、四川。

保护价值 中国特有种。韧皮纤维发达，可作高级文化纸和人造棉材料。花数朵，聚集成头状，花色多样，可供园林观赏。

保护与濒危等级 《中国生物多样性红色名录——高等植物卷》评估为无危（LC）。

107 日本假牛繁缕 日本假繁缕
Theligonum japonicum Ôkubo et Makino

科名：假牛繁缕科 Theligonaceae
属名：假牛繁缕属 *Theligonum*

被子植物 双子叶植物

形态特征 多年生草本，高15~30cm。茎通常下部分枝，上升，上部分枝常具1列纵向反曲短柔毛。叶下部对生，上部常互生；叶片卵形至狭卵形，位于下部者常是三角状卵圆形，长1~3cm，宽0.8~2cm，基部下延成叶柄，全缘，上面通常疏生肉质粗毛，下面无毛，边缘具较密上向细毛；具叶柄间托叶，三角形至三角状卵形。雄花生于上部，每2朵与叶对生，花萼绿色，裂片3枚，近条形，开放后反卷，雄蕊20~25枚，花丝下垂、纤细；雌花极小，基部具1枚小苞片，子房上位，花柱呈"S"字形弯曲。瘦果狭倒卵形至倒卵状圆形，扁平，长3~3.5mm，具短粗毛。花果期5—6月。

分布与生境 见于千亩田、三道岭、马峰庵、虎皮岩，生于海拔900m以上的山坡林下阴湿处或山谷溪边灌丛中。产于临安。分布于安徽。日本也有。

保护价值 东亚特有种，分布区狭窄，资源稀少，是假牛繁缕科植物地理及系统发育研究的重要材料。

保护与濒危等级 《中国生物多样性红色名录——高等植物卷》评估为无危（LC）。

108 吴茱萸五加 吴茱叶五加、萸叶五加、树三加
Gamblea ciliata C. B. Clarke var. *evodiifolia* (Franch.) C. B. Shang et al.

科名：五加科 Araliaceae
属名：萸叶五加属 *Gamblea*

形态特征 落叶小乔木或灌木，高达8m。树皮灰白色至灰褐色，平滑。小枝暗灰色，无刺。掌状3小叶复叶，在长枝上互生，在短枝上簇生；叶柄长3.5~8cm，仅叶柄先端和小叶柄相连处有锈色簇毛；小叶片卵形、卵状椭圆形或长椭圆状披针形，长6~10cm，宽2.8~6cm，基部楔形，两侧小叶基部歪斜，全缘或具细齿，小叶无柄或具短柄。伞形花序常数个簇生或排列成总状；花梗长0.5~1.5cm；花萼几全缘；花瓣4枚，长约2mm，绿色，反曲；雄蕊4枚；子房下位，2~4室，花柱2~4，仅基部合生。果近球形，直径5~7mm，具2~4条浅棱。花期5月，果期9月。

分布与生境 见于桐王山、千亩峰、西关，生于海拔1000m以上的山冈岩石上、阔叶林中及林缘。产于全省山区。分布于秦岭以南各地。

保护价值 中国特有种。枝叶茂盛，秋叶金黄，是一种优良的彩叶树种。根皮入药，有祛风湿、强筋骨之效，主治风湿痹痛、四肢拘挛、劳伤咳嗽、哮喘、跌打肿痛等。材质轻软，纹理直，结构中而不匀，干缩小，常作为火柴或包装用材。

保护与濒危等级 《中国生物多样性红色名录——高等植物卷》评估为易危（VU）。

109 糙叶五加 亨利五加
Eleutherococcus henryi Oliv.

科名：五加科 Araliaceae
属名：五加属 *Eleutherococcus*

形态特征 落叶灌木，高1~3m。枝疏生略下曲粗刺，幼枝密生短柔毛，后毛渐脱落。掌状复叶互生，具小叶5枚，稀3枚，叶柄长达11cm。小叶片椭圆形或倒披针形，长5~12cm，宽3~6cm，先端急尖或渐尖，基部楔形，边缘中部或1/3以上具明显锯齿，上面粗糙，脉上散生小刺毛，下面脉上被棕色短柔毛；小叶柄长3~6mm或几无柄。伞形花序数个簇生于枝顶；花序梗粗壮，长1~4cm；花淡绿色；花萼具不明显5枚小齿；花瓣5枚，长约2mm，无毛或稍被毛；雄蕊5枚；子房下位，5室，花柱合生成柱状。核果状浆果椭圆状球形，长约8mm，有5条浅棱，熟时黑色，宿存花柱长约2mm。花期7—8月，果期9—10月。

分布与生境 见于千亩田西关，生于海拔1300~1400m的山坡、沟谷林下阴湿处。产于临安、淳安、遂昌。分布于安徽、河南、湖北、江西、陕西、山西、四川。

保护价值 中国特有种。根皮入药，具有祛风除湿、补益肝肾、强筋壮骨、利水消肿的功效，民间也用来酿制药酒。叶形美观，果序大型，果色丰富，具有观赏价值。

保护与濒危等级 《中国生物多样性红色名录——高等植物卷》评估为无危（LC）。

110 大叶三七 竹节参、竹鞭三七、竹节人参
Panax pseudoginseng Wall. var. *japonicus*
(C. A. Mey.) Hoo et Tseng

科名：五加科 Araliaceae
属名：人参属 *Panax*

形态特征 多年生草本，高30~100cm。根状茎短，竹鞭状，横生，有2至数条肉质根；地上茎单生，直立，圆柱形，具纵纹，无毛。叶为掌状复叶，3~5枚轮生于茎顶，叶柄长5~10cm；小叶5枚，有时3~4枚，中央小叶大，侧生小叶较小。伞形花序单生于茎顶，有时花葶上部再生1至数个小伞形花序，具花50~80朵；花序梗长9~28cm；花小，淡绿色或带白色；花萼具5枚齿；花瓣5枚，长卵形；雄蕊

5枚，花丝较花瓣短；子房下位，2~5室，花柱与子房室同数，中部以下合生，果时向外弯曲。果近球形或球状肾形，直径4~6mm，熟时红色，或顶端黑色下部红色。种子乳白色，三角状长卵形。花期6月中旬至8月，果期8—10月。

分布与生境 见于虎皮岩，生于海拔900m以上的山坡、山谷林下阴湿岩石旁。产于临安、天台、遂昌、龙泉、庆元、景宁、泰顺。分布于黄河流域及其以南各地。越南、尼泊尔、缅甸、日本、朝鲜也有。

保护价值 根、茎入药，具有散瘀止血、消肿止痛、祛痰止咳、补虚强壮等功效；现代药理实验表明，其有镇静镇痛、协同解痉、止血等作用，具有极高的药用和保健价值。

保护与濒危等级 浙江省重点保护野生植物；《中国生物多样性红色名录——高等植物卷》未予评估（NE）；浙江省极小种群物种。

111 锈毛羽叶参 绣毛五叶参、黄山五叶参
Pentapanax henryi Harms

科名：五加科 Actinidiaceae
属名：羽叶参属 *Pentapanax*

形态特征 落叶灌木或小乔木，高1.5~3m。树皮灰白色。一回羽状复叶，小叶3~5枚，叶柄长2.5~11cm；小叶片卵状椭圆形，长5~12cm，宽3.5~6cm，先端急尖或短渐尖，基部圆形，边缘具锐锯齿，上面无毛，下面脉腋有簇毛，例脉6~11对，下面明显隆起；侧生小叶柄长约5mm，顶生小叶长达3cm。伞形花序组成顶生大型圆锥花序，长达25cm，伞形花序有花多数；苞片革质，卵形至披针形，长5~10mm，覆瓦状排列，着生于花序基部；花白色，花瓣5枚，三角状长圆形，覆瓦状排列；雄蕊5枚；子房下位，5室，花柱5枚，合生成柱状或稀近顶部分离。果球形，直径5~7mm，具5条棱，熟时黑色。花期9月，果期10—11月。

分布与生境 见于马峰庵，生于海拔900~1000m的山谷岩石隙缝中或山坡乱石堆中。产于临安、缙云。分布于安徽、江西、湖北、广西、四川。

保护价值 中国特有种。根皮入药，具有祛风除湿、通络止痛等功效，主治风湿痹痛、跌打损伤等症。

保护与濒危等级 浙江省重点保护野生植物；《中国生物多样性红色名录——高等植物卷》评估为无危（LC）；浙江省极小种群物种。

112 天目当归 拐芹
Angelica tianmuensis Z. H. Pan et T. D. Zhuang

科名：伞形科 Apiaceae
属名：当归属 *Angelica*

形态特征 多年生草本，高1~2m。茎圆柱形，单生，有细条棱。基生叶及茎下部叶具长柄，长15~25cm；叶片卵形至宽卵形，长20~30cm，宽15~30cm，2~3回3出羽状全裂，叶轴及羽片柄膝曲状弯曲，末回裂片长卵形，基部楔形或宽楔形，歪斜，边缘不裂或1~2裂，具不规则粗大锯齿。茎中、上部叶渐小，叶鞘渐膨大。复伞形花序顶生和侧生，直径4~7cm；总苞片1枚，长卵形，长2~2.5cm，顶端长渐尖；伞辐14~20个；小总苞片5~7枚，线形，边缘白色膜质；小伞形花序有花20~25枚；萼齿不发育；花瓣白色，卵形至宽卵形，顶端微凹，有内折小舌片；花柱基短圆锥形。果实狭长圆形，长6~7mm，宽约3.5mm，背棱肥厚隆起，侧棱具狭翅，棱内油管1条，合生面油管2~4条。花果期8—10月。

分布与生境 见于千亩田、马峰庵、西关、东关，生于海拔800~1400m的山坡、沟谷林下或沼泽地。产于临安。

保护价值 浙江特有种，仅分布于天目山山脉。在伞形科系统发育和地理区系研究上有重要价值。叶轴曲折，花序大型，花色洁白，具有独特的观赏价值。

保护与濒危等级 《中国生物多样性红色名录——高等植物卷》评估为易危（VU）。

113 岩茴香
细叶藁本、桂花三七
Ligusticum tachiroei (Franch. et Sav.)
M. Hiroe et Constance

科名：伞形科 Apiaceae
属名：藁本属 *Ligusticum*

形态特征 多年生草本，高15~35cm。根状茎粗短，根常分叉，具强烈香气。地上茎直立，纤细，具纵细棱，有分枝，基部有纤维状叶柄残基。基生叶叶柄长达14cm，叶片长6~10cm，宽5~9cm，三回羽状全裂，末回裂片线形；茎生叶叶片较小，叶柄全部呈鞘状。复伞形花序少数；花序梗长3.5~7cm；总苞片2~4枚，钻状线形，长0.6~1cm，边缘粗糙，具膜质缘毛；伞辐6~13个；小总苞片5~8枚，线形；萼齿明显，边缘白色膜质；花瓣白色，长椭圆形，先端内曲而凹陷。果实卵状长椭圆形，长约4mm；果棱狭翅状凸出，分果横切面笔架状五角形，主棱凸出；每一棱槽有油管1条，合生面有油管2条；胚乳腹面平直。花期8—9月，果期10—11月。

分布与生境 见于龙王峰，生于向阳山坡草丛中或裸岩旁。产于临安。分布于安徽、河南、河北、山西、辽宁、吉林。日本、韩国、蒙古也有。

保护价值 根入药，具有疏风发表、行气止痛、活血调经的功效，主治伤风感冒、头痛、胸痛、脘胀痛、风湿痹痛、月经不调、崩漏、跌打伤肿等症。茎、叶可以做馅，亦可凉拌供食用，是餐桌上的美味佳肴。叶形奇特，可用于岩石园种植。

保护与濒危等级 浙江省重点保护野生植物；《中国生物多样性红色名录——高等植物卷》评估为无危（LC）；浙江省极小种群物种。

114 华东山芹
Ostericum huadongense Z. H. Pan et X. H. Li

科名：伞形科 Apiaceae
属名：山芹属 *Ostericum*

形态特征 多年生草本，高0.8~1.5m。茎圆柱形，具纵条棱，无毛，自中部以上有少数分枝。基生叶及茎中下部叶具长柄，叶柄长10~20cm，三棱形，基部膨大成鞘；叶片三角形，长20~40cm，宽20~35cm，2~3回3出全裂，末回裂片卵形至菱状卵形，长2~5cm，宽1.5~3.5cm，无毛，边缘具圆齿，顶端急尖，基部楔形至宽楔形；茎上部叶渐小，叶片简化，叶柄呈鞘状。复伞形花序顶生，少侧生；花序梗长8~16cm；总苞片1~4枚，线形至披针形，小总苞片8~11枚；小伞形花序有花18~30朵；萼齿显著，披针形；花瓣白色，顶端微凹，具内折的小舌片；花柱基短圆锥形，花柱短。果实卵形至矩形，基部心形，外果皮由1层外凸的细胞组成，背棱翅狭，侧棱翅宽1~1.5mm；油管棱槽内1条，合生面2条，胚乳腹面平直。花果期8—10月。

分布与生境 见于马峰庵，生于沟谷溪边或林下阴湿处。产于杭州、宁波、金华、衢州、台州、丽水、温州。分布于安徽、江苏、江西、湖南。

保护价值 中国特有种。根入药，有祛风镇痛的功效，可治跌打损伤、蛇虫咬伤等症。幼苗可食用，用水烫、清水浸泡后，炒食、凉拌、油炸、做汤等。

保护与濒危等级 《中国生物多样性红色名录——高等植物卷》评估为近危（NT）。

115 天目变豆菜
Sanicula tienmuensis R. H. Shan et Constance

科名：伞形科 Apiaceae
属名：变豆菜属 *Sanicula*

形态特征 多年生草本，高20~45cm。根状茎短，棕黑色，侧根细长。茎2~5条，光滑，有分枝。基生叶叶柄长7~22cm；叶片圆心形至近圆形，长3~6cm，宽2~10cm，掌状3裂，中间裂片倒卵形，长3~6cm，宽0.5~3.5cm，两侧裂片宽倒卵形或歪卵形，通常2深裂至近基部，所有裂片先端2~3（~5）浅裂，边缘具不规则锯齿，齿先端尖锐；茎生叶略小，叶柄短。花常1~3回叉状分枝，分枝之间有1朵两性花；总苞片小，对生，2~3裂；侧枝花序有3~5个伞辐，不等长；小伞形花序，有花6~7朵；小总苞片6~7枚，卵形，长约1mm，先端尖；花瓣白色，宽倒卵形，先端内凹1枚小舌片。果实坛状至球形，表面密被鳞片或小瘤状凸起。花果期4—5月。

分布与生境 见于石坞口、仙人桥、马峰庵，生于海拔600~1000m的沟谷溪边或林下阴湿处。产于临安、天台。

保护价值 浙江特有种，分布区狭窄，资源稀少。变豆菜属植物与第三纪之北极植物有着密切的关系，对植物区系、系统演化等研究具有重要价值。

保护与濒危等级 《中国生物多样性红色名录——高等植物卷》评估为近危（NT）。

116 大果假水晶兰
Cheilotheca macrocarpa (H. Andr.) Y. L. Chou

科名：鹿蹄草科 Pyrolaceae
属名：假水晶兰属 *Cheilotheca*

形态特征 多年生腐生草本，高10~20cm。菌根密集成鸟巢状。茎直立，单一，肉质，地上部分无叶绿素，白色，半透明，干后变黑褐色。叶鳞片状，互生；叶片长圆形至长圆状卵形，长10~19mm，宽4~10mm，先端圆钝，基部较狭，近全缘，无柄。花单生于茎顶，下垂，管状钟形，直径14~17mm；萼片鳞片状，早落；花瓣4~5枚，白色，长14~20mm；雄蕊8~10枚，花丝无毛，花药黄色；子房卵球形，侧膜胎座；花柱粗短，柱头较宽，中央凹入，呈漏斗状，常铅蓝色。果椭圆状球形，长2.3~2.5cm，下垂。种子宽椭圆形，淡褐色，具网状凸起。花期5—6月，果期7—9月。

分布与生境 见于西关、马峰庵、龙王山电站，生于海拔500~1200m的山地林下。产于丽水。分布于西南及台湾。缅甸北部也有。

保护价值 浙江省内分布区狭窄，十分少见。植株形态矮小、奇特，全身洁白、晶莹剔透、素雅怡人，是珍贵的野生观赏花卉资源。

保护与濒危等级 《中国生物多样性红色名录——高等植物卷》未予评估（NE）。

117 **云锦杜鹃** 天目杜鹃
Rhododendron fortunei Lindl.

科名：杜鹃花科 Ericaceae
属名：杜鹃花属 *Rhododendron*

形态特征 常绿灌木或小乔木，高2~7m。枝粗壮，淡绿色，幼时有腺体。叶聚生于枝顶；叶片厚革质，长圆形，长7~18cm，宽3~9cm，先端急尖至近圆形，具小尖头，基部宽楔形至微心形，全缘，两面近无毛，上面深绿色，下面淡绿色，中脉在上面微凹下，下面凸起，侧脉14~16对；叶柄粗壮，长1~4cm，幼时有腺体。伞形总状花序顶生，长2~4cm，具花2~6朵；花梗长1.5~3cm，具腺体或有柄的腺毛；花冠粉红色，漏斗状钟形，长4.5~6.5cm，7裂；雄蕊14~16枚，短于花冠；花萼、子房和花柱均具腺体。蒴果长圆形，长2.5~3.5cm，表面粗糙。花期5—6月，果期10—11月。

分布与生境 见于千亩田、千亩峰、三道岭、龙王峰，生于海拔1000m以上的沟谷阔叶林中或山顶灌草丛中。产于杭州、温州、丽水及诸暨、鄞州、奉化、临海、天台。分布于秦岭及其以南各地。

保护价值 中国特有种。花大艳丽，可栽于庭院供观赏。根、叶及花入药，可治皮肤抓破溃烂及跌打损伤。

保护与濒危等级 《中国生物多样性红色名录——高等植物卷》评估为无危（LC）。

118 黄山杜鹃 安徽杜鹃
Rhododendron maculiferum Franch. subsp. *anhweiense* (E. H. Wilson) Chamb.

科名：杜鹃花科 Ericaceae
属名：杜鹃花属 *Rhododendron*

形态特征 常绿灌木，高1.5~5m。嫩枝有茸毛，后脱落，老枝叶痕明显。叶簇生于枝顶；叶片厚革质，卵状椭圆形或卵状披针形，长4~9cm，宽1.5~4cm，先端急尖，具短尖头，基部圆形或宽楔形，边缘全缘，略反卷，两面近无毛，下面网纹明显；叶柄长约1cm，幼时有茸毛，后无毛。伞形总状花序顶生，有花6~10朵；花梗长1.5~2.5cm，近无毛，稀具腺毛；花冠钟形，粉红色至近白色，长3~3.5cm，5裂，裂片圆形，边缘波状，上方裂片基部内面有紫红色斑点；雄蕊10枚，花丝基部有柔毛，子房、花柱近于无毛。蒴果圆柱形，长1.2~1.8cm。花期5月，果期9月。

分布与生境 见于千亩田、千亩峰、三道岭、龙王峰，生于海拔1000m以上的沟谷阔叶林或山顶矮林中。产于临安、淳安、龙泉。分布于安徽、江西、湖南、广西。

保护价值 中国特有种。枝叶繁茂，花大艳丽，观赏价值极高。根可入药，具有活血止痛的功效。

保护与濒危等级 《中国生物多样性红色名录——高等植物卷》评估为无危（LC）。

119 腺药珍珠菜
Lysimachia stenosepala Hemsl.

科名：报春花科 Primulaceae
属名：珍珠菜属 *Lysimachia*

形态特征 多年生草本，高35~40cm。全株近无毛。茎直立，具明显4条棱，常有分枝。叶对生，在茎上部常互生；叶片披针形至长椭圆形，长2.5~7cm，宽0.6~1.8cm，先端锐尖或渐尖，基部渐狭成翼柄，边缘微呈皱波状，密生红色腺点或短腺条。总状花序顶生，疏生花；苞片线形；花梗长3~7mm，果时开展；花萼5深裂，裂片线状披针形，边缘膜质；花冠白色，钟状，长6~8mm，基部合生，裂片长圆形；雄蕊比花冠稍短或等长，花丝基部扩大，贴生；花药条形，药隔顶端有红色腺体；子房无毛，花柱细长。蒴果球形，直径2.5~3mm。花期5—6月，果期8—10月。

分布与生境 见于马峰庵，生于溪边湿地及灌草丛中。产于临安。分布于陕西、贵州、湖北、湖南。

保护价值 中国特有种。全草药用，具有祛风、利湿、解毒、清热等功效，临床多用于治疗乳腺炎、类风湿性关节炎等症。花小而巧，似一串小铃铛，可作观赏植物。

保护与濒危等级 《中国生物多样性红色名录——高等植物卷》评估为无危（LC）。

120 毛茛叶报春 <small>堇叶报春</small>
Primula cicutariifolia Pax

科名：报春花科 Primulaceae
属名：报春花属 *Primula*

形态特征 二年生柔弱草本，高3~15cm。基部有时有匍匐枝数条。叶基生；叶片羽状分裂，有时呈3裂，长2~6cm，宽0.5~1.7cm，顶裂片较大，倒卵圆形至近圆形，先端钝圆，基部楔形下延，具缺刻状锯齿，侧裂片逐渐缩小，具锯齿，下与叶轴均有锈色短腺条；叶柄长0.5~4cm，扁平。花葶长1~7cm，伞形花序具2~4枚花；苞片线形，长1.5~3mm；花萼钟状，5深裂，裂片披针形，散生棕褐色短腺条；花冠淡紫色，高脚碟状，花冠筒裂片倒心形，长3~4mm，先端凹入；雄蕊近冠筒口着生，有长短之分，花药长圆形。蒴果球形，直径约3mm，顶端开裂。花期3—6月，果期6—7月。

分布与生境 见于石坞口，生长于山谷林下阴湿处或滴水的岩石上。产于杭州、绍兴、金华及天台。分布于安徽、江西、湖南、湖北。

保护价值 中国特有种。花娇叶翠，清纯可爱，早春开花，呈现春意盎然之景，可点缀边坡山石、嵌花草坪或作林下地被，也可盆栽供观赏。

保护与濒危等级 《中国生物多样性红色名录——高等植物卷》评估为易危（VU）。

121 黄山龙胆
Gentiana delicata Hance

科名：龙胆科 Gentianaceae

属名：龙胆属 *Gentiana*

形态特征 多年生矮小草本，高5~20cm。茎单一或基部分枝，圆柱形，具乳头状毛，上部少分枝。叶对生，基部密集，呈莲座状，叶片卵形或椭圆形，长1~2.4cm，宽0.5~1cm，具三出脉；茎生叶狭小，披针形或线状披针形，长4~11mm，宽1~3mm，先端急尖，具硬尖头，基部渐狭，近无柄。花1~2朵生于枝端；花梗红色，长0.5~1.5cm；花萼长0.5~1cm，裂片线状披针形，与萼筒等长或稍短；花冠淡蓝色，有斑

点，漏斗状，长1.3~2cm，5裂，裂片卵形，长3~4mm，先端尾尖；褶片半圆形，蚀齿状。蒴果倒卵状长椭圆形，长5~6mm，伸出花冠外，2瓣开裂。种子多数，椭圆形，长约1mm，有皱纹。花果期5—6月。

分布与生境 见于龙王峰，生于海拔900~1578m的山坡阔叶林下、山地草丛中或岩石草丛中。产于临安、遂昌。分布于安徽、江西、福建。

保护价值 华东特有种。花色艳丽，植株矮小，贴地丛生，适宜作为花坛、花境或盆花植物。花生于枝上顶端，呈漏斗形，开花一片片一簇簇，临风摇曳，显出淡雅、素静的美。

保护与濒危等级 《中国生物多样性红色名录——高等植物卷》评估为近危（NT）。

122 条叶龙胆 东北龙胆
Gentiana manshurica Kitag.

科名：龙胆科 Gentianaceae
属名：龙胆属 *Gentiana*

形态特征 多年生草本，高20~30cm。根状茎平卧或直立，长达4cm，具须根。地上茎直立，黄绿色或带紫红色，中空，近圆形，具条棱，光滑。茎下部叶膜质，鳞片状，淡紫红色；上部叶近革质，无柄，线状披针形至线形，长3~10cm，宽3~9mm，先端急尖，基部钝，边缘反卷，平滑，上面具极细乳突，下面光滑，叶脉1~3条。花1~3朵，顶生或腋生；花无梗；每朵花下具2个苞片，苞片线状披针形，长1.5~2cm；花萼筒钟状，长8~10mm，裂片稍不整齐，线形或线状披针形，长8~15mm，先端急尖，边缘微外卷，平滑，中脉在背面凸起，弯缺截形；花冠蓝紫色或紫色，筒状钟形，长4~5cm。蒴果内藏，宽椭圆形，两端钝，柄长达2cm。种子褐色，线形，长1.8~2.2mm，表面具增粗的网纹，两端具翅。花期9—10月，果期11月。

分布与生境 见于龙王峰，生于海拔1200m以上的山坡草地、湿草地、路旁。产于临安、淳安、建德、临海、遂昌。分布于华东、华中、华南、东北及内蒙古。朝鲜也有。

保护价值 花朵玲珑可爱，花色艳丽，观赏价值高。根入药，具有清热燥湿、泻肝胆火的功效，主治湿热黄疸、目赤、耳聋等症。地上全草可制成龙胆粉，亦可制作饮料。

保护与濒危等级 《中国生物多样性红色名录——高等植物卷》评估为濒危（EN）。

123 苏州荠苎 苏州荠苧
Mosla soochowensis Matsuda

科名：*唇形科* Labiatae
属名：*石荠宁属 Mosla*

形态特征 一年生直立草本，高15~50cm。茎纤细，多分
枝，四棱形，疏生短柔毛。叶对生；叶片披针形，长1.2~4cm，
宽0.2~1cm，先端渐尖，基部楔形，边缘具细锐锯齿，上面有
微柔毛，下面脉上疏生短硬毛，密布黄色凹陷腺点；叶柄长
2~12mm，略有微柔毛。轮伞花序疏离，形成长2~5cm的顶生总
状花序，花序轴常有腺毛；苞片小，近圆形至卵形，长约2mm，
背面密布黄色凹陷腺点；萼齿5枚，上唇3枚齿披针形，较短，下唇2枚齿狭披针形，果时花萼增
大，基部前方呈囊状；花冠淡紫红色或白色，长6~8mm，外面有微柔毛。小坚果球形，直径约
1mm，褐色或黑褐色，具深雕纹。花果期7—10月。

分布与生境 见于石坞口，生于山坡路边或林下。产于杭州、宁波、舟山、台州、金华、丽
水。分布于江苏、安徽、江西。

保护价值 中国特有种。地上部分入药，具有解表理气、解毒消炎、利尿镇痛的功效，用于
治疗感冒、中暑、乳蛾、痧气腹痛、胃气痛，外用可治蜈蚣咬伤。植物矮小，气味芳香，宜作
观赏花卉。

保护与濒危等级 《中国生物多样性红色名录——高等植物卷》评估为易危（VU）。

124 浙荆芥
Nepeta everardi S. Moore

科名：唇形科 Labiatae
属名：荆芥属 *Nepeta*

形态特征 多年生草本，高60~100cm。全株密被细毛。茎直立，近四棱形。叶对生；叶片三角状心形，长2~7.5cm，宽1.5~5cm，先端渐尖或尾状渐尖，基部截平或心形，边缘具圆齿，侧脉两面隆起；叶柄扁平，边缘具狭翅，长0.5~4.5cm。聚伞花序具3~7枚花，再组成紧密的顶生圆锥花序；下部苞片常叶状，上部苞片线形，长1~5mm；花梗短，长1~2mm；小苞片微小，线形，长1~1.5mm；花萼管形，长约5mm，具明显的脉，脉上密被小糙毛，萼檐近二唇形，上唇3枚齿较大，三角形或狭三角形，长为萼的1/3，先端尖锐；花冠紫色或淡紫色，长可达2.2cm，花冠筒基部细，向上渐宽大，外面有微柔毛，上唇短，长2.5~3mm，先端2圆裂，下唇较长，中裂片大，倒心形，先端圆形，基部心形，具爪，边缘波状；花丝线形，略外伸。小坚果卵状三棱形，长约1.5mm，深褐色，平滑。花期5月，果期8月。

分布与生境 见于石坞口至马峰庵，生于海拔1200m以下的灌丛中及山坡路旁。产于宁波、丽水、台州。分布于安徽。

保护价值 浙皖特有种。本种花形独特，气味芳香，花期长，适宜作地被和花境栽植。全草入药，具有发汗解热、祛风凉血的功效。

保护与濒危等级 《中国生物多样性红色名录——高等植物卷》评估为无危（LC）。

125 天目地黄
Rehmannia chingii Li

科名：玄参科 Scrophulariaceae
属名：地黄属 *Rehmannia*

形态特征 多年生草本，高30~60cm。全体被多节长柔毛。根状茎肉质，橘黄色。地上茎直立，单一或基部分枝。基生叶多少莲座状排列；叶片椭圆形，长6~12cm，宽3~6cm，先端钝或急尖，基部收缩成翅柄，边缘具锯齿；茎生叶发达，外形与基生叶相似，向上逐渐缩小。花单生于叶腋；花梗长1~4cm，多少弯曲而后上升；花萼长1~2cm，5裂，裂片披针形或卵状披针形，先端略尖，不等长；花冠紫红色，长5.5~7cm，外面被多节长柔毛，二唇形，上唇裂片长卵形，先端略尖或钝圆，下唇裂片长椭圆形，先端尖或钝圆，中间裂片较大，长约2cm；雄蕊4枚，二强。蒴果卵形，长约1.4cm，具宿存的花萼及花柱。种子多数，卵形至长卵形，长约1.1mm，表面具网眼。花期4—5月，果期5—6月。

分布与生境 见于石坞口、马峰庵电站，生于海拔700m以下的山坡草丛中。产于杭州、绍兴、金华、衢州、丽水、温州。分布于安徽。

保护价值 浙皖特有种。花大色艳，可作盆栽供观赏。根入药，具有清热凉血、润燥生津的功效，主治高热烦躁、吐血衄血、咽喉肿痛、烫伤等症。

保护与濒危等级 《中国生物多样性红色名录——高等植物卷》评估为易危（VU）。

126 **旋蒴苣苔** 猫耳朵
Boea hygrometrica (Bunge) R. Br.

科名：苦苣苔科 Gesneriaceae
属名：旋蒴苣苔属 *Boea*

形态特征 多年生草本，高8~15cm。叶基生，密集呈莲座状；叶片近圆形，稀倒卵形，长1.8~6cm，宽1.3~5.5cm，先端圆形，基部宽楔形，下延成翅柄，边缘具牙齿或波状浅齿，上面被贴伏的白色长柔毛，下面被白色或淡褐色茸毛，叶脉不明显。聚伞花序2~5条，高7~13cm，具短腺状柔毛；每一花序具2~5枚花，密生短腺状柔毛；苞片2枚，卵形，长达2mm；花梗长1~3cm，被短腺状柔毛；花萼钟状，5裂至近基部，裂片披针形，长2~3mm，稍不等；花冠淡蓝紫色，长1~1.5cm，上唇2裂，下唇3裂。蒴果长圆形，长3~4cm，螺旋状扭曲。种子卵圆形。花期6—7月，果期9—10月。

分布与生境 见于马峰庵电站，生于海拔520~700m的山坡路旁岩石上。产于临安、建德、武义、乐清。分布于华东、华中、华北、华南及陕西、四川、云南、辽宁。

保护价值 中国特有种。叶呈莲座状基生，毛茸可观，宜作花坛、花境植物。全草药用，具有散瘀、止血、解毒的功效，用于治疗创伤出血、跌打损伤、吐泻、中耳炎、食积、咳嗽痰喘等症。

保护与濒危等级 《中国生物多样性红色名录——高等植物卷》评估为无危（LC）。

127 香果树 大叶水桐子
Emmenopterys henryi Oliv.

科名：茜草科 Rubiaceae
属名：香果树属 *Emmenopterys*

形态特征 落叶乔木，高15~30m。树皮灰褐色，鳞片状。小枝有红褐色，圆柱形，具皮孔。叶对生；叶片纸质或革质，宽椭圆形至宽卵形，长10~20cm，宽7~13cm，顶端急尖或短渐尖，基部圆形或楔形，全缘，上面无毛或疏被糙伏毛，下面较苍白，被柔毛或仅沿脉上被柔毛，侧脉5~9对；叶柄长2~5cm，有柔毛，常带紫红色；托叶角状卵形，早落。聚伞花序组成顶生的大型圆锥状花序；花芳香，花梗长约4mm；花萼长约5mm，裂片宽卵形，具缘毛，脱落，变态的叶状萼裂片白色、淡红色或淡黄色，纸质或革质，匙状卵形或宽椭圆形，长1.5~8cm，宽1~6cm，结实后仍宿存；花冠漏斗形，白色或黄色，长2~2.5cm，被黄白色茸毛。蒴果近纺锤形，长2.5~5cm，具细纵棱。种子多数，有阔翅。花期6—8月，果期8—11月。

分布与生境 见于马峰庵、小西囡湾、虎皮岩，生于海拔430~1500m的山谷林中。产于临安、建德、淳安、天台、遂昌、景宁、泰顺。分布于华东、华中、西南及广西、甘肃、陕西。

保护价值 中国特有种。秋色叶树，树体高大，花美叶秀，嫩叶常带红色，是一种珍贵的庭院观赏树种，英国植物学家威尔逊把它誉为"中国森林中最美丽动人的树"。树皮纤维柔细，是制蜡纸及人造棉的原料。木材纹理直，结构细，供制家具和建筑用。根和树皮可入药，具有湿中和胃、降逆止呕的功效。

保护与濒危等级 国家II级重点保护野生植物；《中国生物多样性红色名录——高等植物卷》评估为近危（NT）。

128 盘叶忍冬 叶藏花
Lonicera tragophylla Hemsl.

科名：忍冬科 Caprifoliaceae
属名：忍冬属 *Lonicera*

形态特征 落叶木质藤本，长达3m。幼枝红褐色，无毛。叶对生；叶片纸质，长圆形或卵状长圆形，长4~12cm，宽2.8~6cm，先端钝或稍尖，基部楔形，下面粉绿色，被柔毛或至少中脉下部两侧密生短糙毛，中脉基部有时带紫红色，花序下方1~2对叶连合成近圆形或卵圆形的盘；叶柄极短或无。聚伞花序密集成头状花序，生于小枝顶端，有花6~9(~18)朵；萼筒壶形，长约3mm，萼齿小，三角形；花冠黄色至橙黄色，上部外面略带红色，长5~9cm，外面无毛，内面疏生柔毛；雄蕊着生于唇瓣基部，无毛；花柱伸出，无毛。果实成熟时由黄色转红黄色，最后变深红色，近圆形，直径约1cm。花期6—7月，果熟期9—10月。

分布与生境 见于马峰庵，生于海拔700~900m的林下、灌丛中或岩缝中。产于临安、遂昌、龙泉。分布于华北、西北、华中及安徽、四川、贵州。

保护价值 中国特有种。花、花蕾和带叶嫩枝供药用，有清热解毒的功效。枝繁叶茂，花大色艳，枝顶一对叶合生成盘状，聚伞花序生于盘中央，俗称"金盘献佛手"，具有独特的观赏价值。

保护与濒危等级 《中国生物多样性红色名录——高等植物卷》评估为无危（LC）。

129 黑果荚蒾
Viburnum melanocarpum Hsu

科名：忍冬科 Caprifoliaceae
属名：荚蒾属 *Viburnum*

形态特征 ▶ 落叶灌木，高3~3.5m。当年生小枝有环状芽鳞痕，浅灰黑色，有糙毛。冬芽长约6mm，密被黄白色短星状毛。叶对生；叶片纸质，倒卵形至椭圆形，长4~10cm，宽3~7cm，先端渐尖，基部圆形、浅心形或宽楔形，边缘有小尖齿，上面有光泽，中脉常有少数短糙毛，后近无毛，下面中脉及侧脉有少数长伏毛，脉腋常有簇毛，侧脉6~7对，下面呈明显的网格状；叶柄长1~3cm；托叶钻形或无。复伞形聚伞花序生于顶端，直径约5cm；花序梗纤细，长1.5~3cm；萼筒倒圆锥形，被少数簇状微毛，具红褐色微细腺点；花冠白色，辐状，无毛，裂片宽卵形，略长于筒。果实黑色或黑紫色，近球形，长8~10mm；核扁，多少呈浅杓状，腹面中央有1条纵向隆起的脊。花期4—6月，果熟期9—10月。

分布与生境 ▶ 见于西关，生于海拔1000m左右的山地林中或山谷溪涧旁灌丛中。产于临安、诸暨、金华、天台。分布于江苏、安徽、江西、河南。

保护价值 ▶ 中国特有种。树形美观，端庄秀丽，春季梢头嫩绿，生机勃勃；夏季绿叶白花，相映成趣；秋季果实累累，令人赏心悦目；冬果宿存，美丽宜人，观赏价值极高。

保护与濒危等级 ▶《中国生物多样性红色名录——高等植物卷》评估为近危（NT）。

130 天目续断
Dipsacus tianmuensis C. Y. Cheng et Z. T. Yin

科名：川续断科 Dipsacaceae

属名：川续断属 *Dipsacus*

形态特征 多年生草本，高1~1.5m。茎中空，具6~8条棱，棱上具疏刺。茎生叶对生，具柄，叶片通常3~5裂，顶端裂片大，长椭圆形，长达16cm，先端渐尖，侧裂片近对生，边缘具锯齿，叶面疏被短刺毛或近无毛，背面光滑，沿脉无钩刺和刺毛，主脉明显凸出，叶柄长；茎上部叶片渐小，裂片渐少至无，叶柄渐短至无柄。头状花序顶生，圆球形，直径3~4cm；总苞片披针形，长15~40mm，边缘具刺毛，全体密被白色柔毛；花冠淡黄白色，花萼浅盘状，4裂，被白色柔毛；雄蕊4枚，明显伸出花冠；小总苞具4条棱，长圆柱形，黄褐色，长7~9mm，被黄白色短柔毛。瘦果包藏于小苞片内，顶端稍外露。花期8—9月，果期9—10月。

分布与生境 见于千亩田、东关，生于林下草地和荒草坡上。产于临安。

保护价值 浙江特有种，分布区狭窄，数量稀少，在川续断科的地理区系、系统发育等研究上具重要价值。叶形奇特，花呈球状，具有较高的观赏价值。

保护与濒危等级 《中国生物多样性红色名录——高等植物卷》未予评估（NE）。

131 两似蟹甲草

Parasenecio ambiguus (Y. Ling) Y. L. Chen

科名：菊科 Asteraceae

属名：蟹甲草属 *Parasenecio*

形态特征 多年生草本，高80~150cm。根状茎粗壮，具多数须根。地上茎单生，直立，具纵条纹或沟棱，被稀疏柔毛。叶片多角形或肾状三角形，长、宽各15~20cm，掌状浅裂，裂片5~7枚，宽三角形，顶端急尖，基部心形或截形，边缘具波状疏齿，齿端具小尖头；叶脉5~7条，侧脉叉状分枝；叶柄长10~18cm，无毛；中上部叶渐小。头状花序小，极多数，具短梗，在茎端或上部叶腋排成宽圆锥花序；总苞圆柱形，长约5mm；总苞片3枚，稀4枚，长圆状披针形，顶端钝；小花3枚，花冠白色，长4~5mm，裂片披针形。瘦果圆柱形，淡褐色，长3~4mm，无毛而具肋；冠毛污白色或变黄褐色，糙毛状，长4~5mm。花期7—8月，果期9—10月。

分布与生境 见于东关，生于海拔900m以上的山谷溪边或山坡阴湿处。分布于河北、陕西、河南、陕西。

保护价值 中国特有种，分布区狭窄，数量稀少。叶形奇特，可用于园林观赏。

保护与濒危等级 《中国生物多样性红色名录——高等植物卷》评估为无危（LC）。

132 天目山蟹甲草 蝙蝠草
Parasenecio matsudae (Kitam.) Y. L. Chen

科名：菊科 Asteraceae
属名：蟹甲草属 *Parasenecio*

形态特征 多年生草本，高50~120cm。茎直立，绿色或带紫色，无毛。下部叶花期凋落，中部叶宽大，叶片宽五角形，长15~20cm，宽18~25cm，顶裂片大，先端急尖，侧裂片小，窄三角形，基部宽楔形或截形，边缘有细齿，两面无毛，中部叶叶柄长5~10cm；上部叶卵状披针形，较小。头状花序直径2~2.5cm，在顶端或上部叶腋排列成圆锥状；花序梗粗，长2.5~5cm，上部有1~2枚线形小苞片；总苞宽钟状，总苞片12枚，长圆形，长约1cm，边缘膜质，无毛；每一头状花序具管状花15~30朵。瘦果圆柱形，长约6mm；冠毛刚毛状，淡红褐色。花期7—8月，果期9—10月。

分布与生境 见于东关，生于海拔800~1300m的林下阴湿处或林缘荒地。产于临安。分布于安徽。

保护价值 浙皖特有种，分布区狭窄，数量稀少，对研究植物的谱系地理有重要意义。叶形奇特，可用于园林观赏。

保护与濒危等级 《中国生物多样性红色名录——高等植物卷》评估为数据缺乏（DD）。

133 黄山风毛菊
Saussurea hwangshanensis Y. Ling

科名：菊科 Asteraceae
属名：风毛菊属 *Saussurea*

被子植物
双子叶植物

形态特征 ▶ 多年生草本，高50~100cm。根状茎粗壮，伸长，匍匐状。地上茎直立，有棱，无毛。基生叶花期枯萎并脱落；中下部茎叶卵状心形，长8~17cm，宽6~11cm，基部心形，顶端渐尖，边缘有粗锯齿；上部茎叶渐小，卵形，有短柄至无柄；全部叶两面绿色，上面被稀疏短糙毛，下面无毛。头状花序4~8枚，在茎枝顶端排列成伞房花序；总苞钟状，直径1~1.4cm，总苞片7层，外层披针状线形，顶端圆形或内弯，内层狭线形，顶端急尖，边缘及顶端有稀疏白色蛛丝毛，淡紫色；小花紫红色，长1.5cm。瘦果圆柱形，褐色，无毛，长3.5mm；冠毛刚毛状，白色或淡褐色，2层。花果期8—9月。

分布与生境 ▶ 见于东关，生于海拔1000m左右的林下、沟边、草地。产于临安、磐安、缙云。分布于安徽。

保护价值 ▶ 浙皖特有种。分布区狭窄，在植物的谱系地理研究上有重要意义。

保护与濒危等级 ▶ 《中国生物多样性红色名录——高等植物卷》评估为数据缺乏（DD）。

134 南方兔儿伞
Syneilesis australis Y. Ling

科名：菊科 Asteraceae
属名：兔儿伞属 *Syneilesis*

形态特征 多年生草本，高30~90cm。根状茎横走。地上茎单生，直立，基部被疏生长柔毛，后变无毛，直径约5mm。基生叶1片，具长柄，花期枯萎；茎生叶2片，互生；下方的叶片圆盾形，直径20~30cm，通常7~9掌状深裂至全裂，裂片宽8~12mm，通常再2~3叉状分裂，边缘有粗尖齿，上面绿色，下面灰白色，具明显网脉；叶柄长10~16cm；上方叶片直径较小，通常4~5深裂。头状花序直径5~7cm，排列成伞房状，分枝开展，基部有线形外苞片；总苞圆筒状，总苞片1层，长椭圆形，边缘膜质，顶端具毛；花管状，淡红色，顶端5裂。瘦果圆柱形，长4~5mm，无毛；冠毛白色或变红色，微粗糙。花果期6—10月。

分布与生境 见于马峰庵、西关、东关，生于海拔1200m以下的山坡阔叶林或竹林下、林缘灌草丛中。产于全省各地。分布于安徽。

保护价值 浙皖特有种，分布区狭窄，数量稀少。叶形美观，可作观赏植物。根入药，有活血化瘀的功效。

保护与濒危等级 《中国生物多样性红色名录——高等植物卷》评估为数据缺乏（DD）。

135 日本龙常草
Diarrhena japonica Franch. et Sav.

科名：禾本科 Poaceae
属名：龙常草属 *Diarrhena*

形态特征 多年生草本。根状茎短。秆直立，高50~80cm。叶舌长0.5~1mm，截平，厚膜质；叶片扁平，长20~35cm，宽8~15mm，先端渐尖。圆锥花序长10~25cm，开展，分枝细弱，单生或孪生，具少数小穗；小穗长3~3.5mm，含1~3朵小花，绿色；颖近膜质，长1~1.5mm；外稃披针状卵形，长约3mm，平滑无毛；内稃两脊平滑；花药长约1mm。颖果圆柱形，长2.5~3mm，成熟时黑褐色，长于其内、外稃体，顶端黄白色之喙明显外露。花期4—5月，果期9—10月。

分布与生境 见于马峰庵、千亩田，生于海拔1350m以下的林下阴湿处。分布于黑龙江、吉林、辽宁。俄罗斯、朝鲜、日本也有。

保护价值 全草入药，具有清热解毒的功效。对研究植物区系及其环境变迁具有重要的意义。

保护与濒危等级 《中国生物多样性红色名录——高等植物卷》评估为无危（LC）。

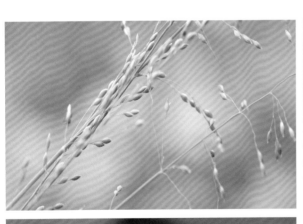

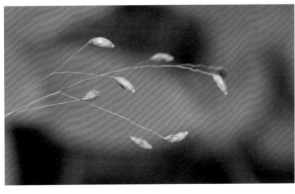

136 **拟麦氏草** 沼原草
Molinia hui Pilger

科名：禾本科 Poaceae
属名：麦氏草属 *Molinia*

形态特征 多年生草本。秆单生，高60~100cm，直径约2mm。叶鞘长于节间，上部与鞘颈具柔毛，基生叶鞘被茸毛；叶舌密生一圈白柔毛；叶片长30~60cm，宽7~15mm，中脉在下面隆起，有横脉，上下反转，多少具柔毛，粉绿色。圆锥花序开展，长20~30cm，分枝粗糙，多枚簇生，斜上，腋间生柔毛；小穗含3~5枚小花，长8~12mm，黄色；小穗轴节间较粗；颖披针形，顶端稍尖，具3条脉，第一颖长2~4mm，第二颖长3~5mm；外稃厚纸质，背部圆，具3条脉，顶端短尖，无芒，长5~7mm，向上小花渐小，基盘具长1~2mm的柔毛；内稃脊上具微纤毛；雄蕊3枚，花药长约2mm。花果期7—10月。

分布与生境 见于千亩田、三道岭、西关，生于海拔1200m以上的山地、灌木林下草地和山顶草甸中。产于杭州、台州、丽水、温州。分布于安徽、福建。

保护价值 中国特有种。本种可作为地被植物，用于草坪、路侧、林下、湿地、坡地、岩面等处绿化美化。

保护与濒危等级 《中国生物多样性红色名录——高等植物卷》评估为近危（NT）。

被子植物
单子叶植物

137 天目早竹

Phyllostachys tianmuensis Z. P. Wang et N. X. Ma

科名：禾本科 Poaceae

属名：刚竹属 *Phyllostachys*

形态特征 秆高7~8m，直径3~4cm，节间长15~22cm，幼秆绿色，光滑无毛，无白粉，节初带紫色，较隆起；秆环与箨环同高。箨鞘无毛，稍被白粉，淡红棕色，具褐色细斑点，斑点以箨鞘下部较密，上部次之，中部则较稀，边缘略带紫色，无纤毛；箨耳与鞘口繸毛缺如；箨舌暗紫色，弓状隆起或截平，边缘具直立之刚毛；箨片长披针形至带状，绿色，边缘黄色，皱褶，外翻。末级小枝具2~3枚叶；叶耳与鞘口繸毛缺如；叶舌先端弧形或近截平；叶片宽披针形，长15cm，宽2cm，下面被脱落性细柔毛。笋期3月下旬至4月下旬。

分布与生境 见于马峰庵，生于向阳山坡。产于临安。分布于安徽。

保护价值 浙皖特有种。笋期较早，笋味美可口。

保护与濒危等级 《中国生物多样性红色名录——高等植物卷》评估为数据缺乏（DD）。

138 华箬竹
Sasa sinica Keng

科名：禾本科 Poaceae
属名：赤竹属 *Sasa*

形态特征 秆高1~1.5m，直径3~5mm，节间长10~15cm，微被白粉，节下密被白粉。箨鞘宿存，初密被白色或淡紫色小刺毛，后逐渐脱落；箨耳无；箨舌凹陷或截平，高约1mm；箨片狭三角形，无毛，鲜时绿带紫色。末级小枝具叶1~2枚；叶鞘初时有白色柔毛，后脱落；叶舌长达2mm，截平；叶片长椭圆形，长10~20cm，宽1~3cm，下面具细柔毛。花序呈总状；花序轴具灰白色短毛；小穗紫黑色，含4~9枚花；颖2枚；外稃宽卵形，近边缘处生有黄色或锈色糙毛；内稃两脊相距甚宽，其上密生红色纤毛；鳞被大小近相等；子房细长，无毛。笋期5—6月。

分布与生境 见于千亩田、西关、龙王峰，生于海拔1000m以上的山坡沟旁。产于临安、余姚、云和、庆元、龙泉。分布于安徽。

保护价值 浙皖特有种。常绿灌木状竹类，大面积生长，形成绿色屏障，具独特的观赏价值，且根状茎盘根错节、纵横交错，有利于森林防火和水土保持。

保护与濒危等级 《中国生物多样性红色名录——高等植物卷》评估为近危（NT）。

139 发秆薹草
Carex capillacea Boott

科名：莎草科 Cyperaceae
属名：薹草属 *Carex*

形态特征 多年生草本。根状茎短。秆丛生，高15~40cm，纤细，呈毛发状，通常具四棱或不明显五棱，基部具褐色枯萎叶鞘，细裂成纤维状。叶基生，短于秆；叶片丝状，宽不超过1mm，扁平或边缘稍内卷。苞片缺；小穗单一，顶生，长圆状披针形，长5~10mm，雄雌顺序，雄性部分披针形，长4~8mm，雌性部分短圆柱形或卵形，具数枚花，与其等长或稍短；雌花鳞片长圆状卵形或卵形，长1.5~2mm，先端圆钝，中间淡褐色，两侧锈色，边缘白色，具3条脉。果囊卵形或宽卵形，长2.5~3mm，水平开展，具三棱，淡黄绿色，具淡锈色点线，脉不明显，顶端骤尖成极短喙，喙口微凹。小坚果三棱状卵形，长约1.7mm；花柱基部不膨大，柱头3。花果期4—7月。

分布与生境 见于弥方岗，生于山坡路边湿地。产于临安、临海、龙泉、庆元。分布于安徽、江西、云南、福建、台湾。印度尼西亚、日本、缅甸、菲律宾、泰国也有。

保护价值 植株矮小，绿意盎然，适作湿地绿化植物。

保护与濒危等级 《中国生物多样性红色名录——高等植物卷》评估为濒危（EN）。

140 天目山薹草
Carex tianmushanica C. Z. Zheng et X. F. Jin

科名：莎草科 Cyperaceae
属名：薹草属 *Carex*

形态特征 多年生草本。根状茎短。秆丛生，高30~50cm，纤细，扁三棱形，平滑，基部具深棕色无叶片的鞘。叶长于或短于秆；叶片宽4~7mm，扁平，具小横隔，边缘平滑。下部苞片短叶状，上部的刚毛状，短于小穗，具鞘。小穗4个；顶生小穗为雄小穗，长圆柱形，长3~6cm，宽3~5.5mm，小穗柄长3~6cm；侧生小穗雌性，疏远，长圆柱形，长2.5~5cm，宽3~5mm，具疏花，小穗柄长2~5.5cm，包括上部者稍伸出苞鞘。雄花鳞片狭倒披针形，顶端钝，淡黄色，长8~8.5mm；雌花鳞片长圆形，顶端渐尖，长3.5~4mm，上部淡栗色，背面中部略带淡绿色，具明显中脉。果囊长于或等于鳞片，椭圆球形，长5~6mm，疏生短柔毛到近无毛，具多条隆起的脉，基部渐狭，先端具直喙，喙长约1.5mm，喙口具2枚小齿。小坚果紧包于果囊中，椭圆球形，长约4mm，灰褐色，棱上中部凹陷，基部具短柄，先端急缩成环盘；花柱基部具环，稍膨大；柱头3。花果期4—6月。

分布与生境 见于东关、西关，生于海拔800~1300m的山坡林中。产于临安、淳安。

保护价值 浙江特有种。植株矮小，绿意盎然，适作地被植物。

保护与濒危等级 《中国生物多样性红色名录——高等植物卷》评估为近危（NT）。

141 **花南星** 蛇芋头、蛇磨芋、浅裂南星
Arisaema lobatum Engl.

科名：天南星科 Araceae
属名：天南星属 *Arisaema*

形态特征 多年生草本，高50~120cm。块茎近球形，直径1~4cm。叶1~2枚，叶柄长17~35cm，下部具鞘，黄绿色，有紫色斑块，形如花蛇；叶片3全裂，中裂片长圆形或椭圆形，长8~22cm，宽4~10cm，先端渐尖，基部狭楔形，具长1.5~5cm的柄；侧裂片长圆形，不对称，外侧宽为内侧的2倍，下部1/3具宽耳，长5~23cm，宽2~8cm，无柄。花序梗与叶柄近等长或较短；佛焰苞外面淡紫色，漏斗状，长4~7cm，喉部无耳，斜截形，檐部深紫色或绿色，披针形，长4~7cm，顶端狭渐尖，有时具长2~3cm的尾尖；肉穗花序单性，雄花序长1.5~2.5cm，花疏；雌花序圆柱形或近球形，长1~2cm；附属器棒状，长4~5cm，顶端钝圆。浆果有种子3粒。花期4—7月，果期8—9月。

分布与生境 见于东关，生于海拔900m以上的山坡林下或沟边草地。产于临安、淳安、江山。分布于黄河流域及其以南各地。

保护价值 中国特有种。块茎入药，具有燥湿、化痰、祛风、消肿、散结的功效，常用于治疗蛇咬伤、疟疾。

保护与濒危等级 《中国生物多样性红色名录——高等植物卷》评估为无危（LC）。

142 **黄精叶钩吻** 金刚大
Croomia japonica Miq.

科名：百部科 Stemonaceae
属名：黄精叶钩吻属 *Croomia*

形态特征 多年生草本，高14~45cm。根状茎横走，细长，须根散生，不肥大。地上茎直立，不分枝，基部具鞘。叶互生，3~6枚集中于茎上部；叶片宽卵形至卵状长圆形，长8~11cm，宽6~8cm，先端急尖，基部微心形，略下延，边缘全缘，主脉7~9条，小脉网状或近平行。花小，单朵或2~4朵排成总状花序；花序梗丝状，下垂；苞片丝状，具1条偏向一侧的脉；花被片4枚，黄绿色，边缘反卷，具小乳突，在果时宿存；雄蕊4枚；花丝粗短，具微乳突；花药黄色，长圆状拱形；子房卵形，具胚珠4~6枚。蒴果宽卵形，熟时2裂，长约1cm。花期4—7月，果期7—9月。

分布与生境 见于东关、马峰庵，生于山谷沟边灌丛草地或林下阴湿处。产于临安、天台、开化、仙居、景宁。分布于安徽、福建、江西。日本也有。

保护价值 东亚特有种。药用价值较高，根及根状茎入药，具有清散风热、解毒之功效，用于治疗咽喉肿痛、银环蛇咬伤等。株形优美，外观奇特，可作花境植物。中国和日本间断分布种，对谱系地理研究有科学意义。

保护与濒危等级 浙江省重点保护野生植物；《中国生物多样性红色名录——高等植物卷》评估为濒危（EN）；浙江省极小种群物种。

143 天目贝母
Fritillaria monantha Migo

科名：百合科 Liliaceae
属名：贝母属 *Fritillaria*

被子植物 单子叶植物

形态特征 多年生草本，高45~60cm。鳞茎扁球形，由2枚鳞片组成，直径约2cm。叶通常对生，有时兼有互生或3叶轮生；叶片长圆状披针形至披针形，长10~12cm，宽1.5~2.8cm，先端不卷曲。花单生于茎顶或2~3朵排列成短总状花序或近伞形花序；叶状苞片2枚对生或3~5枚轮生；花梗长约3.5cm；花被片长圆状椭圆形，长4~5.5cm，宽约1.5cm，黄色，内面有淡紫色脉纹和斑点；雄蕊长约为花被片的1/2；花药基着；柱头裂片长3.5~5mm。蒴果长、宽各约3cm，棱上的翅宽6~8mm。花期4月，果期5—6月。

分布与生境 见于东关，生于海拔900~1200m的山坡林下或沟边阴湿处。产于临安。分布于安徽、河南。

保护价值 中国特有种。株形优美，花钟状，黄色带紫色脉纹，十分美丽，观赏价值极高。鳞茎入药，有化痰止咳、清热润肺之功效，对肺热燥咳、干咳少痰、阴虚劳嗽、痰中带血有疗效。

保护与濒危等级 浙江省重点保护野生植物；《中国生物多样性红色名录——高等植物卷》评估为濒危（EN）；浙江省极小种群物种。

144 华重楼 重楼、七叶一枝花、蚤休
Paris polyphylla Sm. var. *chinensis* (Franch.) H. Hara

科名：百合科 Liliaceae

属名：重楼属 *Paris*

形态特征 多年生草本，高100~150cm。全体无毛。根状茎粗壮，密生环节，直径达1~2.5cm，外面棕褐色，密生多数环节和许多须根。地上茎通常带紫红色，基部具鞘。叶常6~10枚轮生于茎顶；叶片长圆形、倒卵状长圆形或倒卵状椭圆形，长7~20cm，宽2.5~8cm，先端短尖或渐尖，基部圆形或宽楔形；叶柄明显，长0.5~3cm。花单生于茎顶，花梗长5~20cm；外轮花被片叶状，披针形；内轮花被片宽线形，通常比外轮长，具长0.5~3cm的叶柄；雄蕊基部稍合生，花丝长4~7mm，花药宽线形，远长于花丝；子房4~7室，具棱，顶端具盘状花柱茎，花柱具4~7分枝。蒴果近圆形，暗紫色，直径1.5~2.5cm，具棱，3~6瓣裂开。种子多数，具红色肉质的外种皮。花期4—6月，果期7—10月。

分布与生境 见于东关、千亩田，生于山坡林下阴湿处或沟边草丛中。产于全省各地。分布于长江流域及其以南各地。

保护价值 中国特有种。著名中药材，具有清热解毒、消肿止痛、息风定惊、平喘止咳等功效，用于治疗毒蛇咬伤、乳腺炎、跌打伤痛等症；现代研究表明，华重楼还具有抗肿瘤、抗菌消炎、止血以及免疫调节作用。花形独特，奇异美丽，蒴果开裂后露出鲜红的种子，耀眼夺目，可作地被植物、花境材料及庭院观赏植物。

保护与濒危等级 浙江省重点保护野生植物；《中国生物多样性红色名录——高等植物卷》评估为易危（VU）。

145 狭叶重楼

Paris polyphylla Sm. var. *stenophylla* Franch.

科名：百合科 Liliaceae
属名：重楼属 *Paris*

被子植物 单子叶植物

形态特征 多年生草本，高100~150cm。全体无毛。根状茎粗壮，密生环节，直径达1~2.5cm，外面棕褐色，密生多数环节和许多须根。地上茎通常带紫红色，基部具鞘。叶常8~14枚轮生于茎顶；叶片狭披针形、披针形或倒披针形，长7~20cm，宽0.5~2.5cm，先端短尖或渐尖，基部楔形；几无柄。花单生于茎顶，花梗长5~20cm；外轮花被片叶状，披针形；内轮花被片宽线形，远长于外轮，具长0.5~3cm的叶柄；雄蕊基部稍合生，花丝长4~7mm，花药宽线形，远长于花丝；子房4~7室，具棱，顶端具盘状花柱茎，花柱具4~7分枝。蒴果近圆形，暗紫色，直径1.5~2.5cm，具棱，3~6瓣裂开。种子多数，具红色肉质的外种皮。花期5—6月，果期7—10月。

分布与生境 见于东关，生于海拔1300~1550m的山坡林下阴湿处或沟边草丛中。产于临安、淳安、泰顺、开化、临海、龙泉、庆元、缙云、遂昌。分布于长江流域及其以南各地。

保护价值 中国特有种，分布区较华重楼狭窄，数量更为稀少。药用、观赏价值同华重楼。

保护与濒危等级 浙江省重点保护野生植物；《中国生物多样性红色名录——高等植物卷》评估为近危（NT）。

146 北重楼
Paris verticillata M. Bieb.

科名：百合科 Liliaceae
属名：重楼属 *Paris*

形态特征 多年生草本，高25~50cm。根状茎细长，直径3~5mm。叶6~8枚轮生于茎顶；叶片长圆形、倒披针形或倒卵状披针形，长7~15cm，宽1.5~3.5cm，先端渐尖，基部楔形，具短柄或近无柄。花单生于茎顶；花梗长4.5~12cm；外轮花被片绿色，叶状，长2~3.5cm，宽1~3cm，通常4~5枚；内轮花被片黄绿色，线形，稍短于外轮；花药宽条形，长约1cm，花丝基部稍扁平，长5~7mm；子房近球形，光滑，顶端无盘状花柱基，花柱具4~5分枝，分枝细长，并向外反卷，长为合生部分的2~3倍。蒴果浆果状，近球形，不开裂。花期5—6月，果期7—9月。

分布与生境 见于东关、千亩田，生于海拔1000~1500m的山坡林下阴湿处或沟边草丛中。产于临安、桐庐、临海。分布于长江流域及其以北大多数省份。日本、朝鲜、蒙古、俄罗斯也有。

保护价值 叶形别致，花形奇异而美丽，是一种观赏价值极高的植物。根状茎入药，具有清热解毒、散瘀消肿的功效，用于治疗咽喉肿痛、痛疖肿毒、毒蛇咬伤等症。

保护与濒危等级 浙江省重点保护野生植物；《中国生物多样性红色名录——高等植物卷》评估为无危（LC）。

147 多花黄精 囊丝黄精、白及黄精

Polygonatum cyrtonema Hua

科名：百合科 Liliaceae

属名：黄精属 *Polygonatum*

形态特征 多年生草本，高50~100cm。根状茎念珠状，稀结节状，直径10~25mm。地上茎常弯拱，具叶10~15枚。叶互生；叶片椭圆形至长圆状披针形，长8~20cm，宽3~8cm，先端急尖至渐尖，基部圆钝，两面无毛。伞形花序通常具2~7枚花，下弯；花序梗长7~15mm；苞片线形，位于花梗的中下部，早落；花绿白色，近圆筒形，长15~20mm；花梗长7~15mm；花被筒基部收缩成短柄状，裂片宽卵形；雄蕊着生于花被筒的中部，花丝稍侧扁，被棉毛，花药长圆形；花柱不伸出花被之外。浆果直径约1cm，成熟时黑色，具种子3~14粒。花期5—6月，果期8—10月。

分布与生境 见于保护区各地，生于山坡林下阴湿处或沟边。产于全省各地。分布于长江流域及其以南各地。

保护价值 中国特有种。花色黄绿，若风铃般悬挂于叶腋，风中摇曳，姿态万千，可用作花坛、花境植物。花食用价值较高，可鲜时食用，性味甘甜、爽口，有健身之效；根状茎可加工制成蜜饯、酿酒、罐头、饮料等。根状茎供药用，有养阴生津、补脾益肺之功效，用于治疗体虚、乏力、心悸、干咳等症。

保护与濒危等级 《中国生物多样性红色名录——高等植物卷》评估为近危（NT）。

148 湖北黄精
Polygonatum zanlanscianense Pamp.

科名：百合科 Liliaceae

属名：黄精属 *Polygonatum*

形态特征 多年生草本，高30~100cm。根状茎念珠状，稀稍结节状。地上茎直立。叶轮生，每轮3~6枚，稀对生；叶形变异较大，通常线状披针形，长10~20cm，宽0.5~1.3cm，先端渐尖，通常拳卷，下部渐狭，两面无毛，边缘具细小的乳头状凸起。伞形花序腋生，通常具4枚花，下垂；花序梗稍扁，具2~4条棱，长6~10mm；苞片位于花梗基部，膜质，具1条脉；花被淡紫色，全长6~9mm，花被筒中部以上缢缩，裂片长约1.5mm；雄蕊着生于花被筒的中上部，花丝长0.7~1mm，花药长圆形，长2~2.5mm；子房长约3mm，花柱长1.5~2mm。浆果紫红色，直径6~7mm。种子2~4粒。花期5—6月，果期8—10月。

分布与生境 见于东关、桐王山，生于山坡林下阴湿处。产于临安、鄞州。分布于秦岭以南各省份。

保护价值 中国特有种，浙江省内分布范围狭窄，数量稀少。叶形奇特，具有较高的观赏价值。根状茎供药用，有养阴生津、补脾益肺之功效，用于治疗体虚、乏力、心悸、干咳等症。

保护与濒危等级 《中国生物多样性红色名录——高等植物卷》评估为无危（LC）。

149 延龄草 华延龄草
Trillium tschonoskii Maxim.

科名：百合科 Liliaceae

属名：延龄草属 *Trillium*

被子植物
单子叶植物

形态特征 多年生草本，高20~40cm。根状茎粗壮。地上茎直立，不分枝，基部具鞘。叶3枚，轮生于茎顶；叶片菱状圆形，长、宽几相等，直径7~17cm，先端急尖至短尾尖，基部宽楔形。花单生于茎顶；花梗长1.5~4cm；外轮花被片卵状披针形，绿色，长1.5~2cm，宽5~9mm，内轮花被片白色，较外轮稍狭而长；花柱长4~5mm，顶端具3分枝；花药长圆形，长3~4mm，短于或近等长于花丝，顶端有稍凸出的药隔；子房圆锥状卵形。浆果圆球形，直径1~1.5cm，黑紫色，有多数种子。花期4—6月，果期7—8月。

分布与生境 见于千亩田、虎皮岩、西关、东关、龙王峰、小西圕湾，生于海拔800m以上的山坡林下阴湿处或沟边。产于临安、淳安。分布于华东、西南、西北及湖北、台湾。日本、韩国、缅甸、印度也有。

保护价值 延龄草属为北美和东亚间断性分布属，具有典型"北极第三纪地理植物区系"植物特征，在植物区系与进化研究中具重要地位。全草入药，对头晕目眩、跌打损伤、失眠等有其独特的疗效，对镇静安神、祛风活血有良效。叶形美观，花朵精致，可供园林观赏。

保护与濒危等级 浙江省重点保护野生植物；《中国生物多样性红色名录——高等植物卷》评估为无危（LC）。

150 纤细薯蓣 白萆薢
Dioscorea gracillima Miq.

科名：薯蓣科 Dioscoreaceae
属名：薯蓣属 *Dioscorea*

形态特征 多年生缠绕草本。根状茎横走，多竹节状分枝，全形呈竹鞭状，表面橘黄色，粗糙，散生略呈疣状凸起的根基，质地坚硬，断面粉白色，味微苦。地上茎左旋，具细纵槽，无毛。叶互生，有时在茎基部3~5片轮生；叶片薄革质，宽卵状心形，长6~20cm，宽5~14cm，先端渐尖，基部心形，全缘或微波状，边缘具明显的啮蚀状，两面无毛，背面常具有白粉，主脉9条；叶柄与叶片近等长。花单性，雌雄异株；雄花序穗状，有时排列成圆锥花序，单生于叶腋，雄蕊6枚，3枚能育；雌花序穗状，单生于叶腋，有6枚退化雄蕊。蒴果三棱形，直径1.5~2.1cm，顶端截形，每一棱翅状。种子扁椭圆形，着生于中轴中部，四周有薄膜状翅。花期5—7月，果期6—9月。

分布与生境 见于马峰庵，生于海拔700~900m的山坡林下。产于全省各地。分布于安徽、福建、湖北、湖南、江西。日本也有。

保护价值 东亚特有种。中药粉萆薢的来源之一，根状茎入药，具滋养强壮的功效，治脾胃亏虚等症，是制作甾类激素类药物的原料。

保护与濒危等级 《中国生物多样性红色名录——高等植物卷》评估为近危（NT）。

151 无柱兰 细葶无柱兰、华无柱兰
Amitostigma gracile (Bl.) Schltr.

科名：兰科 Orchidaceae
属名：无柱兰属 *Amitostigma*

形态特征 地生兰，高7~30cm。根状茎椭圆状球形，长2.5cm，直径约1cm，肉质。地上茎直立，下部具叶1枚。叶片长圆形或椭圆状长圆形，长3~12cm，宽1.5~3.5cm，先端急尖或稍钝，基部鞘状抱茎。花葶纤细，顶生，直立，无毛，总状花序长1~5cm，具花5至20余朵，偏向同一侧，疏生；苞片卵形或卵状披针形，长2~8mm，先端渐尖；萼片卵形，长约3mm，几靠合；花小，红紫色或粉红色；花瓣斜卵形，与萼片近等长而稍宽，先端近急尖；唇瓣3裂，长大于宽，长5~7mm，中裂片长圆形，先端几截平或具3枚细齿，侧裂片卵状长圆形，距纤细，筒状，几伸直，下垂，长2~3mm；子房长圆锥形，具长柄。花期6—7月，果期9—10月。

分布与生境 见于石坞口，生于沟谷边或山坡林下阴处岩石上。产于全省山区。分布于华东、华中、华南、西南及河北、辽宁。日本、朝鲜也有。

保护价值 块根入药，民间用于解毒、消肿、止血。

保护与濒危等级 《中国生物多样性红色名录——高等植物卷》评估为无危（LC）；列入*CITES*附录Ⅱ。

152 金线兰 花叶开唇兰
Anoectochilus roxburghii (Wall.) Lindl.

科名：兰科 Orchidaceae

属名：开唇兰属 *Anoectochilus*

形态特征 地生兰，高8~14cm。具匍匐根状茎。地上茎上部直立，下部具2~4枚叶。叶片卵圆形或卵形，长1.3~3cm，宽0.8~3cm，上面暗紫色，具金黄色网纹和丝绒光泽，下面淡紫红色，先端钝圆或具短尖，叶脉5~7条；叶柄长4~10mm。总状花序长3~5cm，疏生花2~6朵，花序轴淡红色，被柔毛；苞片淡红色，卵状披针形，长约为子房的2/3，宽约4mm；花白色或淡红色；萼片外被柔毛，中萼片卵形，向内凹陷，长约6mm，宽2~5mm，侧萼片卵状椭圆形，稍偏斜；花瓣镰状，与中萼片靠合成兜状；唇瓣前端2裂，呈"Y"字形，裂片舌状线形，中部具爪，两侧具6条流苏状细条，基部具距，末端指向唇瓣，中部生有胼胝体；子房长圆柱形。花期9—10月。

分布与生境 见于马峰庵至西关，生于阔叶林下阴湿处。产于杭州、衢州、金华、丽水、温州。分布于长江流域及其以南地区。东南亚、南亚及日本也有。

保护价值 全草入药，具清热凉血、祛风利湿的功效，治疗腰膝痹痛、肾炎、支气管炎、糖尿病、小儿惊风等，民间普遍认为金线兰对现代"三高"病症有防治的功能，常将其作药膳。

保护与濒危等级 《中国生物多样性红色名录——高等植物卷》评估为濒危（EN）；列入 *CITES* 附录 Ⅱ 。

153 **白及** 白芨
Bletilla striata (Thunb.) Rchb. f.

科名：兰科 Orchidaceae
属名：白芨属 *Bletilla*

被子植物
单子叶植物

形态特征 地生兰，高30~80cm。茎直立，粗壮。假鳞茎扁球形，彼此相连接，上面具荸荠似的环纹，富黏性。叶4~5枚，狭长椭圆形或披针形，长18~45cm，宽2.5~5cm，先端渐尖，基部渐窄下延成长鞘状抱茎，叶面具多条平行纵褶。总状花序顶生，具花4~10朵；花苞片长椭圆状披针形，长2~3cm，开花时凋落；花较大，直径约4cm，紫红色或玫瑰红色；萼片离生，与花瓣几相似，狭卵圆形；唇瓣倒卵形，白色带红色，具紫色脉纹，中部以上3裂，中裂片倒卵形，上有5条脊状褶片，边缘波状，侧裂片直立，围抱蕊柱；蕊柱长约12mm，两侧具翅，具细长的喙。花期5—6月，果期7—9月。

分布与生境 产地未知。产于杭州、丽水、温州及德清、嵊州、定海、兰溪、武义、开化、天台，生于山坡草地、沟谷边滩地。分布于黄河流域及其以南地区。日本、朝鲜也有。

保护价值 假鳞茎为传统中药材，具有补肺止血、生肌之功效，用于治疗肺胃出血、外伤出血、疮疡肿毒等症。

保护与濒危等级 《中国生物多样性红色名录——高等植物卷》评估为濒危（EN）；列入 *CITES* 附录 II 。

154 虾脊兰 猫耳朵
Calanthe discolor Lindl.

科名：兰科 Orchidaceae

属名：虾脊兰属 *Calanthe*

形态特征 地生兰，高30~40cm。茎不明显。叶近基生，通常2~3枚；叶片狭倒卵状长圆形，长15~25cm，宽4~6cm，先端具短尖，基部下延至叶柄；叶柄明显，基部扩大。花葶从幼叶丛中长出，长30~50cm，下部具鞘状鳞叶；总状花序长5~15cm，有花10余朵，花序轴被短柔毛；苞片膜质，披针形，长5~10mm；花紫红色，开展；萼片近等长，长约1.3cm，中萼片卵状椭圆形，侧萼片狭卵状披针形，先端急尖；花瓣较中萼片小，倒卵状匙形或倒卵状披针形；唇瓣与萼片近等长，玫瑰色或白色，3裂，中裂片卵状楔形，先端2裂，侧裂片斧状，稍内弯，唇盘上具3条褶片；距细长，末端弯曲而非钩状。花期5月。

分布与生境 见于马峰庵，生于山坡林下阴湿地。产于杭州、丽水、温州。分布于华东、华南及四川、贵州。日本也有。

保护价值 东亚特有种。植株耐荫，花朵小巧玲珑，姿态优美，花期较长，适合作盆花或栽植于庭院、公园等阴暗处造景。

保护与濒危等级 《中国生物多样性红色名录——高等植物卷》评估为无危（LC）；列入 *CITES* 附录 II。

155 钩距虾脊兰
Calanthe graciliflora Hayata

科名：兰科 Orchidaceae
属名：虾脊兰属 *Calanthe*

形态特征 地生兰，高30~60cm。假鳞茎短，近卵球形，粗约2cm，具3枚鞘状叶。叶近基生，椭圆形或倒卵状椭圆形，长17~30cm，宽4~5cm，先端急尖，基部楔形，下延至叶柄；柄长达10cm。花葶从叶丛中长出，高40~50cm；总状花序长25~30cm，疏生多数花；苞片膜质，披针形，长约2mm；花下垂，内面绿色，外面带褐色，直径约2cm；萼片卵圆形至长圆形，长1.3~1.5cm，宽4~5mm，先端急尖，具3条脉，侧萼片稍带镰状；花瓣线状匙形，长1~1.3cm，宽2~3mm，先端急尖，基部收狭，具1条脉；唇瓣白色，长0.9~1cm，3裂，中裂片长圆形，先端中央2裂，具短尖，侧裂片卵状镰形，先端钝或截平，唇盘上具3条褶片；距圆筒形，长约1cm，末端钩状弯曲；蕊柱长4~5mm。花期4—5月。

分布与生境 见于马峰庵、东关，生于山坡林下阴湿地。产于全省山区各地。分布于长江流域及其以南各地。

保护价值 中国特有种。叶如箬竹，花序修长，花繁美丽，适作观花地被、花境及盆栽。假茎、假鳞茎及根状茎入药，具解毒消肿、活血散结、止痛的功效，用于治疗瘰疬、淋巴结核、跌打损伤、腰肋疼痛等症；捣烂以菜油浸泡，取汁涂抹，治脱肛、痔疮。

保护与濒危等级 《中国生物多样性红色名录——高等植物卷》评估为近危（NT）；列入*CITES*附录Ⅱ。

156 反瓣虾脊兰
Calanthe reflexa (Kuntze) Maxim.

科名：兰科 Orchidaceae

属名：虾脊兰属 *Calanthe*

形态特征 地生兰，高20~50cm。假鳞茎粗短，粗约1cm，具1~2枚鞘和4~5枚叶。叶片椭圆形，长15~20cm，宽3~6.5cm，先端锐尖，基部楔形，具柄，两面无毛。花葶1~2个，直立，长20~40cm，远高于叶；总状花序长5~20cm，疏生10~20朵花；苞片狭披针形，长1.8~2.4cm，先端渐尖，无毛；花粉红色，直径约2cm；开放后萼片和花瓣反折；中萼片卵状披针形，长15~20mm，先端呈尾状急尖，具5条脉，侧萼片斜卵状披针形；花瓣线形，长1~1.3cm，先端渐尖，无毛；唇瓣基部与蕊柱中部以下的翅合生，3裂，无距；侧裂片长圆状镰形，中裂片近椭圆形或倒卵状楔形，前端边缘具不整齐的齿。花期5—6月。

分布与生境 见于仙人桥至东关，生于阔叶林下、山谷溪边或生有苔藓的湿石上。产于临安、文成。分布于长江流域及其以南地区。日本和朝鲜半岛也有。

保护价值 全草入药，具清热解毒、软坚散结、活血止痛的功效，用于治疗瘰疬、疮痈、疥癣、喉痹、经闭、跌打损伤、风湿痹痛、痢疾等症。

保护与濒危等级 《中国生物多样性红色名录——高等植物卷》评估为无危（LC）；列入*CITES*附录Ⅱ。

157 银兰
Cephalanthera erecta (Thunb.) Bl.

科名：兰科 Orchidaceae
属名：头蕊兰属 *Cephalanthera*

形态特征 地生兰，高20~30cm。根状茎短而不明显，具多数细长的根。地上茎直立，下部具3~4枚膜质鞘，上部具叶3~4枚。叶片狭长椭圆形或卵形，长2~6cm，宽1~3cm，先端急尖或渐尖，基部鞘状抱茎。总状花序顶生，具花5~10朵，花序轴有棱；苞片小，长1~2mm，鳞片状；花白色，直立；萼片宽披针形，长8~10mm，宽约3.5mm，先端急尖或钝，具5条脉，中萼片较狭；唇瓣长5~6mm，基部具囊状短距，明显伸出侧裂片外，中部缢缩，前部近心形，先端近急尖，上面具3条纵褶片，后部凹陷，无褶片，两侧裂片卵状三角形或披针形，略抱蕊柱；子房线形，连花梗长8~13mm。蒴果直立，细圆柱形。花期5—6月。

分布与生境 见于马峰庵，生于山坡林下。产于杭州、宁波、台州。分布于黄河流域及其以南地区。日本、朝鲜也有。

保护价值 东亚特有种。全草入药，用以治疗高热口干、小便不利等症。

保护与濒危等级 《中国生物多样性红色名录——高等植物卷》评估为无危（LC）；列入 *CITES* 附录Ⅱ。

158 金兰 头蕊兰
Cephalanthera falcata (Thunb.) Lindl

科名：兰科 Orchidaceae
属名：头蕊兰属 *Cephalanthera*

形态特征 地生兰，高20~50cm。根状茎粗短，具多数细长的根。地上茎直立，下部具3~5枚鞘状鳞叶，上部具叶4~7枚。叶片椭圆形或椭圆状披针形，长8~15cm，宽2~5cm，先端渐尖或急尖，基部鞘状抱茎。总状花序顶生，具花5~10朵；苞片较小，长约2mm，较花梗连子房短；花黄色，直立，长约1.5cm，不完全开展；萼片卵状椭圆形，长1.3~1.5cm，宽4~6mm，先端钝或急尖，具5条脉；花瓣与萼片相似，但稍短；唇瓣长约5mm，宽8mm，先端不裂或3浅裂，中裂片圆心形，先端钝，内面具7条纵褶片，侧裂片三角形，基部围抱蕊柱；距圆锥形，长约2mm，伸出萼外；子房线形，无毛。花期4—5月。

分布与生境 见于马峰庵，生于山坡林下。产于杭州、宁波、丽水。分布于长江流域及其以南各地。日本、朝鲜也有。

保护价值 全草入药，民间用于治疗脾虚食少、咽喉痛、牙痛、风湿痹痛、扭伤、骨折等。

保护与濒危等级 《中国生物多样性红色名录——高等植物卷》评估为无危（LC）；列入*CITES*附录Ⅱ。

159 杜鹃兰 采配兰
Cremastra appendiculata (D. Don) Makino

形态特征 地生兰，高30~60cm。假鳞茎卵球形，密接，长1.5cm，宽1.2~2cm，外被膜质鳞片。叶1枚，生于假鳞茎顶端；叶片椭圆形至长圆形，长20~34cm，宽3~6cm，先端急尖，基部楔形，渐狭成柄。花葶侧生于假鳞茎上部的节上，长27~37cm，下部具2枚鞘状鳞片；总状花序偏向一侧，具花10~20朵；苞片膜质，线状披到形，长0.8~1.5cm；花玫瑰色或淡紫红色，长管状，悬垂；萼片和花瓣几

同形，线状针形，长25~35mm，宽4~5mm；花瓣稍短；唇瓣倒披针形，长约35mm，基部线囊状，先端3裂，侧裂片小，线形，长约5mm，中裂片大，不反折，基部与蕊柱贴生，具1枚紧贴或多少分离的附属物；蕊柱长2.5cm。花期5—6月。

分布与生境 见于马峰庵、小西圆湾，生于海拔700~1100m沟谷林下阴湿处。产于临安。分布于华东、华中、华南、西南及西北。南亚、日本、朝鲜、泰国、越南也有。

保护价值 假鳞茎作中药山慈姑入药，具祛瘀消肿、清热解毒的功效，用于治疗痈疽发背、瘰疬、无名疗等；现代多以复方制剂形式被广泛应用于治疗肿瘤、痛风性关节炎、乳腺增生、胃炎、肝硬化、前列腺增生等病症。

保护与濒危等级 《中国生物多样性红色名录——高等植物卷》评估为近危（NT）；列入 *CITES* 附录 Ⅱ 。

160 蕙兰 九节兰、九子兰、夏兰
Cymbidium faberi Rolfe

科名：兰科 Orchidaceae

属名：兰属 *Cymbidium*

形态特征 地生兰，高40~80cm。根白色，粗7~10mm。假鳞茎不明显。叶6~10枚束状丛生；叶片带形，革质，长20~80cm，宽4~12mm，边缘具细锯齿，叶脉透明，中脉明显。花葶高30~60cm，中部以下具4~6枚膜质鞘；总状花序具花9~18朵；苞片披针形，较子房连花梗短；花黄绿色或紫褐色，直径5~7cm，具香气；萼片狭长倒披针形，长2.7~3cm；花瓣狭长披针形，长约2.5cm，基部具红线纹；唇瓣长圆形，长2~2.3cm，宽1~1.1cm，苍绿色或浅黄绿色，具红色斑点，边缘具不整齐的齿，且皱褶呈波状；蕊柱长约11mm，宽3~3.5mm，黄绿色，具紫红色斑点，蕊柱翅明显。花期4—5月。

分布与生境 见于马峰庵电站，生于山坡林下阴湿处。产于全省山区。分布于长江流域及其以南各地。尼泊尔、印度也有。

保护价值 株形优雅刚毅，花形素雅，香气纯洁，深受人们的喜爱，是中国栽培最久和最普及的兰花之一，古代常称之为"蕙"。根皮民间用于治疗久咳、蛔虫病等。

保护与濒危等级 《中国生物多样性红色名录——高等植物卷》评估为无危（LC）；列入*CITES*附录Ⅱ。

161 春兰 草兰
Cymbidium goeringii (Rchb. f.) Rchb. f.

科名：兰科 Orchidaceae
属名：兰属 *Cymbidium*

形态特征 地生兰，高20~60cm。根状茎短。假鳞茎集生于叶丛中。叶4~6枚束状丛生；叶片带形，长20~60cm，宽5~8mm，边缘略具细齿。花葶直立，高3~7cm，具花1朵，稀2朵；苞片膜质；花淡黄绿色，清香，直径6~8cm；萼片较厚，长圆状披针形，长2.5~4cm，中脉紫红色，基部具紫纹；花瓣卵状披针形，具紫褐色斑点，中脉紫红色，先端渐尖；唇瓣乳白色，不明显3裂，中裂片向下反卷，先端钝，长约1.1cm，侧裂片较小，位于中部两侧，唇盘中央从基部至中部具2条褶片；蕊柱直立，长约1.2cm，宽5mm，蕊柱翅不明显。蒴果长椭圆柱形。花期2—4月。

分布与生境 见于石坞口、龙王山电站，生于山坡林下或沟谷边阴湿处。产于全省山区、半山区。分布于黄河流域及其以南地区。日本、朝鲜、印度也有。

保护价值 春兰为四大国兰之一，驯化、栽培历史最为悠久，经自然杂交以及长期人工栽培选育等，出现较多的变异类型，品种繁多，在园艺上应用广泛，具有很高的观赏价值。民间以根入药，用以治疗妇女湿热白带、跌打损伤。

保护与濒危等级 《中国生物多样性红色名录——高等植物卷》评估为易危（VU）；列入*CITES*附录Ⅱ。

162 扇脉杓兰 双叶兰、兰花双叶兰
Cypripedium japonicum Thunb.

科名：兰科 Orchidaceae
属名：杓兰属 *Cypripedium*

形态特征▶ 地生兰，高35~55cm。根状茎细长，横走，节间较长。地上茎直立，被褐色长柔毛。叶通常2枚，近对生；叶片扇形，长10~16cm，宽10~21cm，上半部边缘呈钝波状，基部近楔形，具辐射状脉。花1朵顶生；花梗密生长柔毛；苞片叶状，明显小于叶，边缘具细缘毛；花大型，直径6~7cm，绿黄色或白色，具紫色斑点；中萼片近椭圆形，长4.5~5cm，顶端具2枚小齿，位于唇瓣下方；花瓣披针形或半卵形，常偏斜，内面基部具毛；唇瓣囊状，长4~5cm，囊口前端有多条槽状凹陷；退化雄蕊宽椭圆形；子房线形，略弧曲，密被长柔毛。蒴果近纺锤形，长4.5~5cm，被柔毛。花期4—5月，果期7—8月。

分布与生境▶ 见于东关、虎皮岩，生于海拔900m以上山坡、沟谷林下或灌丛中。产于临安、淳安。分布于秦岭以南地区。日本也有。

保护价值▶ 东亚特有种。根状茎具活血调经、祛风镇痛之功效，民间用于治疗月经不调、跌打损伤、皮肤瘙痒。花大而美丽，可栽培供观赏。

保护与濒危等级▶ 《中国生物多样性红色名录——高等植物卷》评估为无危（LC）；浙江省极小种群物种；列入CITES附录Ⅱ。

163 血红肉果兰 红果山珊瑚
Cyrtosia septentrionalis (Rchb. f.) Garay

科名：兰科 Orchidaceae
属名：肉果兰属 *Cyrtosia*

形态特征 腐生兰，高40~100cm。根状茎粗大，横走，具褐色鳞片。地上茎直立，肉质而硬，红褐色。鳞片状叶三角形至卵状披针形，长1.5~2.5cm。圆锥花序顶生和侧生，长20~26cm；花序轴被锈色短毛；苞片披针形；花梗短，连子房长1.2~2cm；花黄褐色，先端带红色，直径2~2.5cm；中萼片椭圆形，背面具短毛，侧萼片披针形，稍偏斜，背面被短毛；花瓣与侧萼片同形，背面无毛；唇瓣阔卵形，直立，边缘呈啮齿状。蒴果长椭圆状扁圆柱形，长6~9cm，宽1.5~2cm，表面具疏短毛，悬垂，成熟时红色。种子长椭圆形而扁，周边具翅。花期6—7月，果期8—9月。

分布与生境 见于虎皮岩，生于海拔1000m左右的山坡林下或沟边湿地。产于临安、遂昌、景宁。分布于安徽、河南、湖南。日本也有。

保护价值 东亚特有种。民间用全草煎服，治疗惊痫抽搐；用果加水煎服，治疗淋病。

保护与濒危等级 《中国生物多样性红色名录——高等植物卷》评估为易危（VU）；浙江省极小种群物种；列入*CITES*附录Ⅱ。

164 中华盆距兰
Gastrochilus sinensis Z. H. Tsi

科名：兰科 Orchidaceae
属名：盆距兰属 *Gastrochilus*

形态特征 附生兰。茎细长，匍匐，长达25cm。叶2列，互生，平展；叶片椭圆形或长圆形，长8~12mm，宽3~5mm，先端锐尖，基部具极短的柄，两面具紫红色斑点。总状花序有花2~3朵，有时1朵；花序梗纤细，较叶短；苞片卵状三角形，近肉质；花黄绿色，具紫红色斑点；中萼片舟状椭圆形，长4~5mm，具3条脉，侧萼片呈龙骨状；花瓣倒卵形，比萼片略小；唇瓣垫状增厚，前唇肾形，密布白毛，后唇圆锥形，稍向前下弯；距呈稍压扁的僧帽状；蕊喙较蕊柱短，2裂，药帽前端收窄成狭三角形；花粉块2，球形，先端具1个孔穴。花期3—4月。

分布与生境 见于石坞口至马峰庵电站，附生于向阴的石壁和树干上。产于临安、建德、永嘉、泰顺。分布于贵州、云南、福建。

保护价值 中国特有种，分布区狭窄，数量稀少。株形娇小，花形奇特，适作盆栽供观赏，也可用于岩面美化。

保护与濒危等级 《中国生物多样性红色名录——高等植物卷》评估为极危（CR）；浙江省极小种群物种；列入*CITES*附录Ⅱ。

165 大花斑叶兰
Goodyera biflora (Lindl.) Hook. f.

科名：兰科 Orchidaceae

属名：斑叶兰属 *Goodyera*

形态特征 地生兰，高5~15cm。茎上部直立，下部匍匐伸长成根状茎，基部具4~6枚叶。叶互生；叶片卵形，长2~4cm，宽1.5~3cm，上面暗蓝绿色，具白色细斑纹，下面带红色。总状花序具花2~8朵，花序轴具柔毛；苞片披针状卵形，长1.2~2cm；花大，带黄色或淡红色，偏向同一侧；萼片披针形，具3条脉，中萼片长2.3~2.5cm，先端外弯，侧萼片稍短；花瓣线状披针形，镰状，与中萼片等长；唇瓣长1.6~1.8cm，基部具囊，囊内面具刚毛；蕊柱内弯；蕊喙线状，2裂，呈叉状；花药长而细，药隔伸长；子房细圆柱形，被柔毛，扭曲。花期6—7月，果期10月。

分布与生境 见于马峰庵至西关，生于山坡林下或草地。产于长兴、临安、遂昌、泰顺。分布于秦岭以南地区。尼泊尔、印度、越南、日本、朝鲜半岛也有。

保护价值 全草入药，具润肺止咳、补肾益气、行气活血、消肿解毒等功效，用于风湿性关节痛、瘀肿疼痛、痈疮肿毒、毒蛇咬伤等症。形态优美，可盆栽供观赏。

保护与濒危等级 《中国生物多样性红色名录——高等植物卷》评估为近危（NT）；列入 *CITES* 附录Ⅱ。

166 斑叶兰 大叶斑兰、小叶青
Goodyera schlechtendaliana Rchb. f.

科名：兰科 Orchidaceae
属名：斑叶兰属 *Goodyera*

形态特征 地生兰，高15~25cm。茎上部直立，具长柔毛，下部匍匐伸长成根状茎，基部具叶4~6枚。叶片卵形或卵状披针形，长3~8cm，宽0.8~2.5cm，上面绿色，具黄白色斑纹。总状花序长8~20cm，疏生花5~20朵，花序轴被柔毛；苞片针形，外面被短柔毛；花白色或稍带红色，偏向同一侧；萼片外面被柔毛，具1条脉，中萼片与花瓣合成兜状，侧萼片与中萼片等长；花瓣倒披针形，长约10mm，具1条脉；唇瓣基部囊状，囊内面具稀疏刚毛，基部围抱蕊柱；蕊柱极短；蕊喙2裂，呈叉状；花药卵形，药隔先端渐尖；子房长8~10cm，被长柔毛，扭曲。花期9—10月。

分布与生境 见于保护区各地，生于山坡林下。产于全省山区。分布于秦岭以南各地。东南亚、南亚及日本、朝鲜也有。

保护价值 全草入药，鲜用或晒干，具有清肺止咳、解毒消肿、止痛的功效，用于治疗肺痨咳嗽、支气管炎、肾气虚弱、神经衰弱、乳痈、疔疮、毒蛇咬伤、骨节疼痛等症。植株精巧优美，花色洁白，形如飞鸟，观赏价值较高，可作为盆栽或园林点缀陪衬植物。

保护与濒危等级 《中国生物多样性红色名录——高等植物卷》评估为近危（NT）；列入 *CITES* 附录Ⅱ。

167 绒叶斑叶兰
Goodyera velutina Maxim. ex Regel

科名: 兰科 Orchidaceae
属名: 斑叶兰属 *Goodyera*

形态特征 地生兰,高7~19cm。根状茎匍匐伸长。地上茎直立,被柔毛,下部具叶3~5枚。叶片卵形或卵状长圆形,长1.5~4cm,宽1~2.5cm,上面暗紫绿色,呈天鹅绒状,中脉白色或黄色,边缘波状。总状花序直立,长4~10cm,具花6~16朵,花序轴被柔毛;苞片淡红褐色,披针形;花白色或粉红色,偏向同一侧;萼片近等长,外面被柔毛,具1条脉;花瓣长圆状菱形,长7~8mm,宽约2mm,与中萼片靠合成兜状;唇瓣凹陷囊状,长约6mm,囊内面具腺毛;蕊喙2裂,呈叉状;花药卵状,先端尖细;子房密被柔毛。花期7—10月。

分布与生境 见于马峰庵,生于海拔700~1000m的山坡林下阴湿地或沟谷边林下。产于临安、遂昌、泰顺。分布于长江流域以南各地。日本、朝鲜也有。

保护价值 东亚特有种。形态优美,可盆栽供观赏。

保护与濒危等级 《中国生物多样性红色名录——高等植物卷》评估为无危(LC);列入 *CITES* 附录 Ⅱ 。

168 鹅毛玉凤花
Habenaria dentata (Sw.) Schltr.

科名：兰科 Orchidaceae

属名：玉凤花属 *Habenaria*

形态特征 地生兰，高35~87cm。块茎1~2枚，肉质，长圆状卵形或长圆形，长2~5cm。地上茎无毛，散生叶3~5枚，具1~3枚筒状鞘和多枚披针形苞片状叶。叶片长圆形，长4~14cm，宽1.5~4cm，先端渐尖，基部鞘状抱茎。总状花序长4~12cm，密生6~20朵花；苞片披针形；花白色，中等大；中萼片直立，舟状，长9~10mm，具5条脉，先端不裂，侧萼片斜卵形，边缘具睫毛；花瓣披针形，不裂，长5~6mm，宽约1.5mm，与中萼片相靠成兜状；唇瓣3裂，中裂片线形，侧裂片半圆形，先端具细齿；距下垂，长达4cm，向前稍弧曲，向末端逐渐膨大，距口具胼胝体；柱头2，凸起物并行，具沟；子房纺锤状圆柱形，扭曲。花期8—9月。

分布与生境 产地未知。产于杭州、台州、丽水、温州，生于路旁和沟边草地。分布于长江流域及其以南各地。东南亚、南亚及日本也有。

保护价值 花大色白，形似白鹭，可作湿地或花境植物，也可盆栽。民间以块茎入药，用以治疗腰痛、疝气。

保护与濒危等级 《中国生物多样性红色名录——高等植物卷》评估为无危（LC）；列入*CITES*附录Ⅱ。

169 线叶十字兰 线叶玉凤花

Habenaria linearifolia Maxim.

科名：兰科 Orchidaceae
属名：玉凤花属 *Habenaria*

形态特征 地生兰，高25~80cm。块茎肉质，卵球形至球形。地上茎直立，散生多枚叶。叶自基部向上渐小成苞片状；中下部叶片线形，长9~20cm，宽3~7mm，先端渐尖，基部扩大成鞘状抱茎。总状花序长5~20cm，具花8至20余朵；苞片长卵状披针形；花白色或绿白色，无毛；中萼片宽卵形，兜状，长3~4mm，宽约3mm，先端钝圆，具5条脉；侧萼片斜卵形，先端钝，具6条脉，反折；花瓣卵形，先端尖，具3条脉，与中萼片相靠近，直立；唇瓣长10~12mm，宽0.5mm，侧裂片稍短于中裂片，向前弯，先端撕裂，呈流苏状；距下垂，向末端膨大，棒状，长1.4~3cm；柱头凸起物向前伸，前部2裂，平行，子房长14~16mm。花期6—8月，果期10月。

分布与生境 见于千亩田，生于沼泽中。产于杭州、宁波、衢州、台州、丽水、温州。分布于华东、华中、东北及广东、河北、内蒙古。日本、朝鲜、俄罗斯也有。

保护价值 东亚特有种，对植物区系的历史、演化、植物系统发育、古地理学研究等均有重要意义。花形奇特，优雅别致，具有较高的观赏价值。

保护与濒危等级 《中国生物多样性红色名录——高等植物卷》评估为近危（NT）；列入 *CITES* 附录Ⅱ。

170 叉唇角盘兰
Herminium lanceum (Thunb.) Vuijk

科名：兰科 Orchidaceae

属名：角盘兰属 *Herminium*

形态特征 地生兰，高10~75cm。块茎圆球形，肉质。地上茎纤细，中部具叶3~4枚。叶片线状披针形，长5~15cm，宽0.4~1.5cm，先端渐尖或急尖，基部抱茎。总状花序长5~23cm，密生花20~80朵；苞片卵状披针形，较子房连花梗略短；花小，黄绿色；萼片卵状长圆形，长2.5~4mm，宽约1.5mm，先端钝圆；花瓣线形，长约3mm，宽0.6mm；唇瓣长圆形，伸长，长1~1.6cm，基部凹陷，无距，上面通常具乳突，中部稍缢缩，前部3裂，侧裂片较中裂片长，叉开，末端通常卷曲；蕊柱长约0.5mm；退化雄蕊2枚，侧生，顶端膨大，2深裂；子房棒状，长5~6mm。蒴果长圆形。花期5—6月，果期8—9月。

分布与生境 见于马峰庵电站，生于山坡草地、林缘或林下草丛中。产于定海、普陀、衢江、开化、庆元、瑞安。分布于秦岭以南地区。东南亚、南亚、日本和朝鲜也有。

保护价值 全草民间供药用，有补肾壮阳、理气、止带、润肺、抗结核的作用。

保护与濒危等级 《中国生物多样性红色名录——高等植物卷》评估为无危（LC）；列入*CITES*附录Ⅱ。

171 长唇羊耳蒜 风帽羊耳兰
Liparis pauliana Hand. -Mazz.

科名：兰科 Orchidaceae
属名：羊耳蒜属 *Liparis*

形态特征 地生兰，高8~30cm。假鳞茎聚生，卵圆形，肉质，长1.5~3cm，顶生叶2枚。叶片椭圆形、卵状椭圆形或阔卵形，长3.5~9cm，宽1.5~6cm，先端锐尖或钝，基部宽楔形，鞘状抱茎。花葶长8~27cm，总状花序疏生多花；苞片小，卵状三角形，长约2mm；花大，浅紫色；萼片几相似，狭长圆形，长8~14mm，宽1~1.5mm；花瓣线形，与萼片几等长；唇瓣倒卵状长圆形，长10~15mm，宽4~7mm，先端圆形并具短尖，边缘全缘，基部具1枚微凹的胼胝体或有时不明显；蕊柱弯曲，长4~5mm，蕊柱翅明显，短而圆。花期4—5月，果期9—10月。

分布与生境 见于千亩田、西关，生于海拔1000m以上的林下阴湿处或覆土的岩石上。产于杭州、衢州、台州、丽水、温州。分布于长江流域及其以南各地。

保护价值 中国特有种。植株精巧，花形奇特，具有较高的观赏价值，适于盆栽。

保护与濒危等级 《中国生物多样性红色名录——高等植物卷》评估为无危（LC）；列入 *CITES* 附录 II。

172 二叶兜被兰
Neottianthe cucullata (L.) Schltr.

科名：兰科 Orchidaceae

属名：兜被兰属 *Neottianthe*

形态特征 地生兰，高6~20cm。块茎近球形或宽椭圆形，长1~1.5cm。地上茎直立，基部常具叶2枚，中上部具苞叶2~4枚。叶片卵形、披针形或狭椭圆形，长2.5~6.5cm，宽0.6~3.5cm，先端急尖或渐尖，基部宽楔形，鞘状抱茎。总状花序长2~11cm，疏生花4~20朵，偏向一侧；苞片线状披针形，长6~13mm；花淡紫红色；萼片与花瓣靠合成兜状，中萼片披针形，长6~9mm，侧萼片线状披针形，与中萼片几等长；花瓣线状，具1条脉；唇瓣长9~10mm，上面及边缘具乳突，中部3裂，裂片三角状线形，中裂片较侧裂片长；距圆锥形，长4~6mm，多少向上弯曲；子房纺锤形，连花梗长约7mm，无毛。花期9月。

分布与生境 见于千丈岩、千亩峰，生于海拔1200m以上的山坡林下或岩石上。产于临安、淳安、松阳、龙泉。分布于全国大部分省份。日本、朝鲜、蒙古、尼泊尔、印度、俄罗斯及西欧也有。

保护价值 植株小巧，花朵精致，花色艳丽，具有较高的观赏价值。全株可入药，具醒脑回阳、活血散瘀、接骨生肌的功效，用于治疗外伤疼痛性休克、跌打损伤、骨折等。

保护与濒危等级 《中国生物多样性红色名录——高等植物卷》评估为易危（VU）；列入 *CITES* 附录 II。

173 舌唇兰 长距兰

Platanthera japonica (Thunb.) Lindl.

科名：兰科 Orchidaceae
属名：舌唇兰属 *Platanthera*

形态特征 地生兰，高35~70cm。根状茎肉质，指状。地上茎直立，具叶3~6枚。叶自下向上渐小；基部叶片椭圆形或长圆形，长10~18cm，宽3~7cm，先端钝或急尖，基部鞘状抱茎。总状花序长10~18cm，具花10~15朵；苞片宽线形至狭披针形，长2~4cm，宽3~5mm；花白色；中萼片卵形，稍呈兜状，长7~10mm，宽约5mm，先端钝或急尖，具3条脉，侧萼片斜卵形，具3条脉；花瓣线形，长约7mm，宽1.5mm，先端钝，具1条脉；唇瓣线形，长1.3~1.5cm，不分裂，肉质，基部贴生于蕊柱；距细长，丝状，长3~6cm，下垂，弧曲；蕊柱极短；子房细圆柱形，长2~2.5cm，无毛。花期5—6月。

分布与生境 见于马峰庵电站，生于林下阴湿处。产于临安、余姚、岱山、温岭、缙云、泰顺。分布于秦岭以南地区。朝鲜半岛和日本也有。

保护价值 东亚特有种。全草药用，民间内服用于治疗虚火牙痛、肺热咳嗽、白带异常，外敷治毒蛇咬伤。

保护与濒危等级 《中国生物多样性红色名录——高等植物卷》评估为无危（LC）；列入 *CITES* 附录 Ⅱ。

174 小舌唇兰
Platanthera minor (Miq.) Rchb. f.

科名：兰科 Orchidaceae
属名：舌唇兰属 *Platanthera*

形态特征 地生兰，高20~60cm。根状茎膨大，呈块茎状，椭圆形或纺锤形。地上茎直立，具叶2~3枚，叶向上渐小，呈苞片状。叶片椭圆形、长圆形、卵状椭圆形或长圆状披针形，长6~15cm，宽1.5~5cm。总状花序长10~18cm，疏生多数花；苞片卵状披针形，长0.8~2cm；花淡绿色；萼片具3条脉，中萼片宽卵形，侧萼片椭圆形，稍偏斜，先端钝，反折；花瓣斜卵形，先端钝，基部一侧稍扩大，具2条脉，其中1条脉分出1条支脉；唇瓣舌状，长5~7mm，肉质，下垂；距细筒状，下垂，稍向前弧曲，长1~1.5cm；药隔宽，先端凹缺；子房圆柱状，向上渐狭，长1~1.5cm。花期5—7月。

分布与生境 见于马峰庵，生于山坡林下或沟边草地。产于丽水、杭州、台州、宁波及新昌、岱山。分布于华东、华中、华南、西南。日本、朝鲜也有。

保护价值 东亚特有种。全草入药，用于养阴润肺、益气生津、补肺固肾，也可治疝气。

保护与濒危等级 《中国生物多样性红色名录——高等植物卷》评估为无危（LC）；列入*CITES*附录Ⅱ。

175 台湾独蒜兰 独蒜兰、山慈菇、台湾一叶兰

Pleione formosana Hayata

科名：兰科 Orchidaceae

属名：独蒜兰属 *Pleione*

形态特征 附生兰，高10~25cm。假鳞茎压扁的卵形或卵球形，上端渐狭成明显的颈，绿色或暗紫色，顶端具叶1枚。叶在花期尚幼嫩，长成后椭圆形或倒披针形，长5~25cm，宽1.5~5cm，基部收狭，围抱花葶。花葶从无叶的老假鳞茎基部发出，长7~16cm，顶端通常具1枚花，偶见2枚花；花大，淡紫红色，稀白色，花瓣与萼片狭长，近同形；花瓣具5条脉，中脉明显；唇瓣宽阔，围成喇叭状，长3.5~4cm，最宽处宽约3cm，上面具有黄色、红色或褐色斑，基部楔形，先端不明显3裂，侧裂片先端圆钝，中裂片半圆形，先端中央凹缺或不凹缺，边缘具短流苏状细裂，内面有3~5条波状或直的纵褶片；蕊柱长线形，长约3.5cm，顶端扩大成翅。蒴果纺锤状，长约4cm。花期4—5月，果期7月。

分布与生境 见于虎皮岩、东关，生于海拔900m以上的沟谷旁或林中覆土的岩石上。产于全省山区。分布于秦岭以南地区。

保护价值 中国特有种。花大形奇，花色艳丽，成片盛开时尤为醒目，可用于阴湿岩面美化，也可盆栽供观赏。假鳞茎民间供药用，具清热解毒、消肿散结之功效，用以治疗痈肿疔毒、瘰疬、毒蛇咬伤。

保护与濒危等级 《中国生物多样性红色名录——高等植物卷》评估为易危（VU）；列入*CITES*附录Ⅱ。

176 绥草 盘龙参
Spiranthes sinensis (Pers.) Ames

科名：兰科 Orchidaceae

属名：绥草属 *Spiranthes*

形态特征 地生兰，高15~45cm。茎直立，基部簇生数条肉质根。叶2~8枚，稍肉质，下部的近基生，线形，长2~17cm，宽3~10mm，上部的呈苞片状。穗状花序长4~20cm，具多数呈螺旋状排列的小花，花序梗和花序轴无毛；苞片长圆状卵形，长约6mm，稍长于子房，先端长渐尖；花淡红色、紫红色或白色；萼片几等长，长3~4mm，宽约3mm，中萼片长圆形，先端钝，与花瓣靠合成兜状，侧萼片离生，较狭；花瓣与萼片等长，先端钝；唇瓣长圆形，长约4.5mm，宽2mm，先端截平，皱缩，中部以上啮齿皱波状，表面具皱波纹和硬毛，基部稍凹陷，呈浅囊状，囊内具2枚凸起；蕊柱短，先端扩大，基部狭窄。花期7—8月。

分布与生境 见于石坞口，生于路边草地或沟边草丛中。广布于全国各地。亚洲其他地区及澳大利亚也有。

保护价值 小花可爱别致，螺旋状着生，酷似游龙盘旋于花轴上，适作嵌花草坪，也可盆栽。全草入药，具清热解毒、利湿消肿之功效，用于治疗毒蛇咬伤、肾炎、糖尿病和咽喉肿痛等。

保护与濒危等级 《中国生物多样性红色名录——高等植物卷》评估为无危（LC）；列入*CITES*附录Ⅱ。

177 **小花蜻蜓兰** 软秆虎头蕉
Tulotis ussuriensis (Regel. et Maack) H. Hara

科名：兰科 Orchidaceae
属名：蜻蜓兰属 *Tulotis*

被子植物
单子叶植物

形态特征 地生兰，高20~55cm。根状茎肉质，指状，水平伸展。地上茎直立，通常较纤细，下部具叶2~3枚，向上渐小，呈苞片状，基部具鞘状鳞叶1~3枚。叶片狭长椭圆形或倒披针形，长6~16cm，宽1.8~3cm。总状花序长3~8cm，疏生多数花；苞片狭披针形，较子房稍长；花小，淡黄绿色；中萼片宽卵形，侧萼片镰状椭圆形，开展；花瓣狭长圆形，长约3.5mm，宽约1mm；唇瓣线形，基部3裂，中裂片长，侧裂片小，半圆形；距纤细，下垂，与子房等长；药隔宽，先端截平；蕊喙臂膨胀上卷，呈蚌壳状，包着椭圆形黏盘；子房细长，长6~8mm。花期7—8月，果期9月。

分布与生境 见于东关，生于沟谷林缘阴湿地。产于全省山区。广布于南岭以北各地。日本、朝鲜、俄罗斯也有。

保护价值 全草入药，具祛风通络、清热解毒之效，用以治疗风湿痹痛、风火牙痛、无名肿毒。

保护与濒危等级 《中国生物多样性红色名录——高等植物卷》评估为近危（NT）；列入 *CITES* 附录 II 。

中文名索引
INDEX

中文名索引
INDEX